箱包皮具设计创新实践

——案例、流程与方法

黄骁　王桦　著

北京理工大学出版社
BEIJING INSTITUTE OF TECHNOLOGY PRESS

前言

前言

从 2009 年接触箱包皮具行业到现在已 8 年，作为一名工业设计专业的高校教师，我一直坚持与该行业开展产学合作，努力在教学和产业之间建立连接，尽自己所能让工业设计在该行业发挥一些作用。江门市丽明珠箱包皮具有限公司一直大力支持与我所执教的五邑大学开展产学合作，企业高层领导的胸襟和眼界让我也非常珍惜彼此的关系。该企业虽然处在江门这个并不算发达的珠三角城市，但是箱包产品开发部门的规模之大在广东省却非常少见，很多国际大牌的产品在此诞生。合作期间，我带领学生与企业设计师共同组队参加设计竞赛，与企业共同开发新产品，与设计师共同为学生授课，等等，在彼此密切的合作中校企双方都不断成长和进步，因此也更加地相互信赖。双方共同建设了实践教学基地，每年选拔本地五邑大学的优秀学生进驻学习，同时也吸引了远在省会城市的广州美术学院服饰配件工作室的众多优秀学生。该基地为社会培养了不少的设计人才。

从箱包行业的设计师背景来看，从纸格师傅成长起来的和从专业院校毕业的大概是各占一半。这也说明，要成为一名优秀的箱包皮具设计师，既要有专业的审美素养和设计技能，也要熟练掌握制作工艺和材料特性等。特别是对于以手工制作为核心的传统箱包行业来说，后者往往更加重要。在当今社会工业化和信息化不断发展的环境下，计算机辅助设计及智能生产制造的技术运用越来越广泛和深入，这个行业的设计和制造方式也在发生改变。手工制作技艺的价值会因稀缺而显得更加珍贵，同时不断地进行设计创新和技术创新以适应新的社会需要也是每个行业不变的主题。

本著作围绕多个设计创新实践案例展开分析和讲解，并以此进行提炼总结，扩展到一般性的设计流程与方法，力求直观生动、通俗易懂。

第一篇“设计基础及开发案例”的主要内容为箱包设计的基础知识和对设计开发流程的初步认识，并结合女包的实际开发案例进行讲解。本篇由麦达权指导，黄骁、马雪莹编写，施梦烁、何咏欣、马修喆、李椿华协助完成。

第二篇“创造时尚”围绕广州美术学院服饰配件工作室的多个时尚箱包设计案例而展开，主要讲述探索和实现时尚设计的方法和基本思路，由本书第二作者王桦撰写。

第三篇“功能创新”讲述了如何运用工业设计的思维和方法进行产品功能创新和突破，结合代表性的设计作品展开了论述。本篇由黄骁撰写，钟伟达、黄婉婷、黄锦沛、王杰球、黄建宏协助完成。

第四篇“产 + 学 + 研”主要内容为问卷调查分析、设计规则研究、校企合作模式研究等，由王汉友、黄骁撰写，陈粤总、伍瑶瑶、叶敏思、黄兆祥、梁建波、麦慧玲等协助完成。

箱包皮具行业属于传统的制造业，在各行各业都寻求转型升级、创新驱动的当下，如何开展创新设计是大家共同面临的一项课题。不管是新颖时尚的款式开发，还是箱包功能创新，都需要具备良好的基本功和专业知识，也离不开团队合作。本书的撰写联合了五邑大学、广州美术学院两所院校和江门市丽明珠箱包皮具有限公司的力量，将三方各自所长进行整合，以此为读者提供一个多视角的机会全面了解箱包皮具设计，并帮助有意从事该行业的初学者尽快入门，为成长为一名专业的箱包皮具设计师奠定基础。

黄 骁

2017 年 3 月 30 日于江门

*** 本著作为以下科研项目的部分成果：**

广东省教育厅 2014 年度青年创新人才项目——基于粗糙集理论的旅行箱设计规则研究；广东省教育厅本科高校教学改革项目（GDJX2016017）、五邑大学教学改革项目（JG2014027）——基于“工作室制”的工业设计校企协同实践教学改革；广东省教育厅 2015 年度教学质量工程项目——五邑大学 – 丽明珠箱包皮具有限公司实践教学基地建设；广东省教育厅 2015 年度专业综合改革试点项目——五邑大学工业设计专业综合改革；广州美术学院科研项目——工业设计背景下的服饰配件设计教学探索；广东高校省级重点平台和重大科研项目（教育科研项目）——地方院校中小微企业专题的“工作室 PBL 制”教学模式研究 (2015GXJK150)；五邑大学青年科研基金一般项目（社会科学 A 类）——设计驱动的低成本创新模式识别和路径选择（2014SK06）。

目录

目 录

第三篇 功能创新

第四篇 产 + 学 + 研

箱包皮具设计基础

箱包皮具设计开发流程

女包设计开发案例

第一篇
设计基础及开发案例

箱包皮具设计基础

1 认识包袋基本结构与部件

包袋的基本结构是首先需要了解的，因为它决定了包袋的基本形状，也在一定程度上决定了其风格走向。在实际的产品开发中，女士包袋的结构变化较为丰富，男包和旅行箱包则相对较少。包袋结构的变化一般都离不开六个面的结构变化，新的结构也是在基本结构不断加强的基础上变化而来，有的则需要新的工艺配合运用才能达到预期效果。包袋的结构创新必须与制作工艺综合考虑，因为箱包的大部分制作是基于手工工艺，如果制作工艺水平达不到或者需要较高的代价，则需要设计师进行综合考量并做出取舍和改进方案。

（1）由前后幅、包底和横头组成的结构。

（这种组成结构的结构线偏多，在设计上也可以加入更多变化。）

（2）由前后幅和横头组成的结构。

（3）由整块大扇面（前后幅）组成的结构。

（这种结构的包形比较扁平，可以加入褶皱使包面变得丰满起来。）

（4）由大扇面和横头组成的结构。

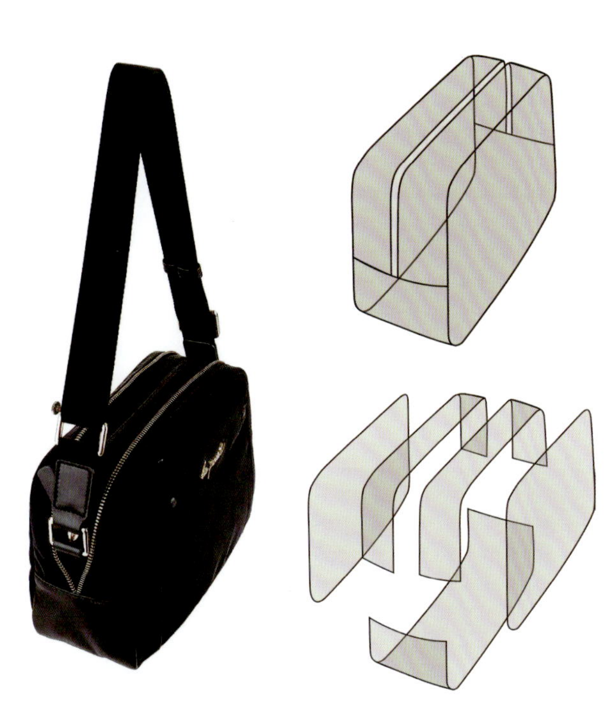

（5）由前后幅和墙子组成的结构。

（比如前后幅与上部墙子组成、前后幅与下部墙子组成、前后幅和环形墙子组成等。）

（6）由前后幅与包底组成的结构。

（这种结构较常见，多应用在大容量的包中。）

2 了解常见制作工艺

分、英寸、厘米换算表

分	英寸	厘米
半分	0.062 5	0.159
0.75 分	0.093 75	0.238
1 分	0.125	0.32
1 分半	0.187 5	0.476
2 分	0.25	0.635
2 分半	0.312 5	0.794
3 分	0.375	0.953
3 分半	0.437 5	1.11
4 分	0.5	1.27
4 分半	0.562 5	1.429
5 分	0.625	1.588
5 分半	0.687 5	1.746
6 分	0.75	1.905
6 分半	0.812 5	2.064
7 分	0.875	2.222
7 分半	0.937 5	2.381
8 分	1	2.54

钢尺

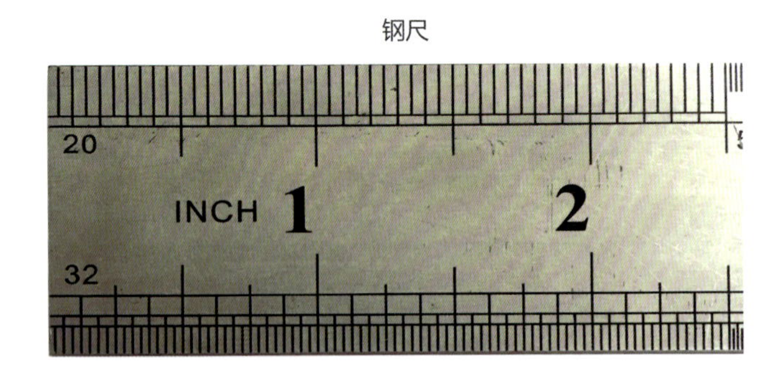

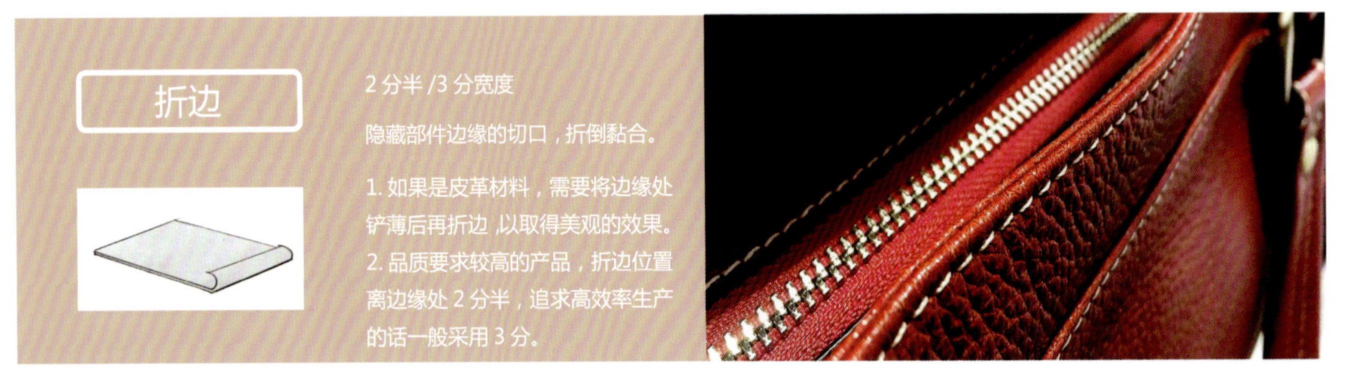

车反压线

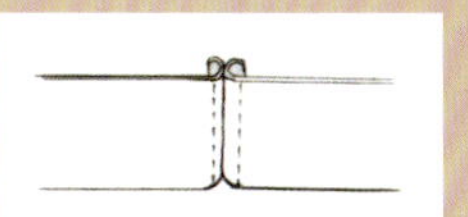

2 分宽度

车反后在左右两边压面线。

在车反的基础上多了两条可见的缝线。

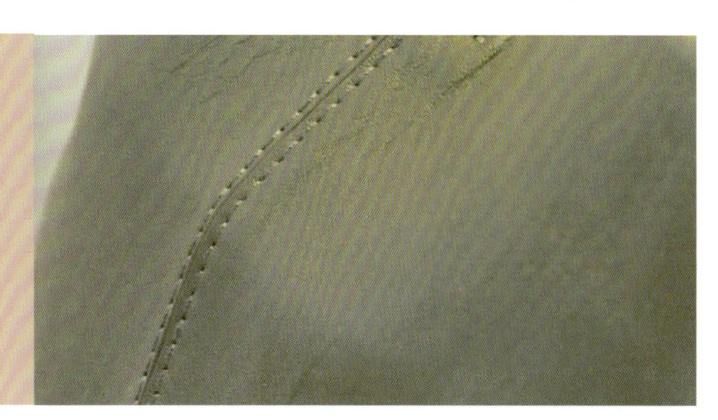

搭位

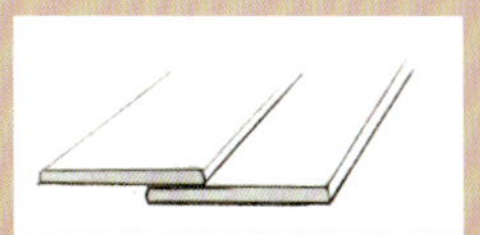

2 分半宽度

两个部件的边缘叠在一起的重叠部位。

一个部件搭接在另一个部件上面，两个部件不在同一平面。

落骨埋反

1 分半宽度

车反的两个部件边缘之间夹车一条带骨芯的包骨料。

骨芯用于箱包的定型，同时也具有装饰作用。骨芯的具体材料根据不同情况选用，例如拉杆箱两侧采用钢线骨芯。

包边

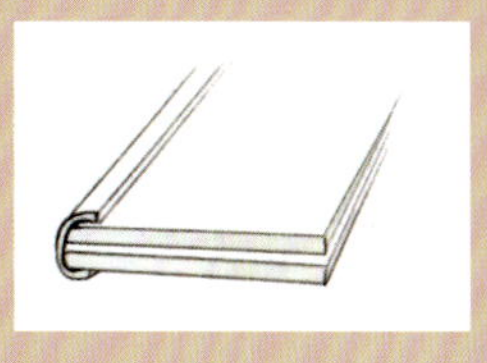

2 分 /3 分宽度

用织带或其他材料包住部件边缘，隐藏切口。

目的是将部件边缘进行装饰和美化。

车反

2 分 /3 分宽度

把两个部件的边缘从反面缝合。

将两个部件正面和正面相合，缝合后再翻过来，这样在正面看不到缝线；

一般直线部位的缝线位置离材料边缘处 3 分，曲线部位则 2 分。

油边

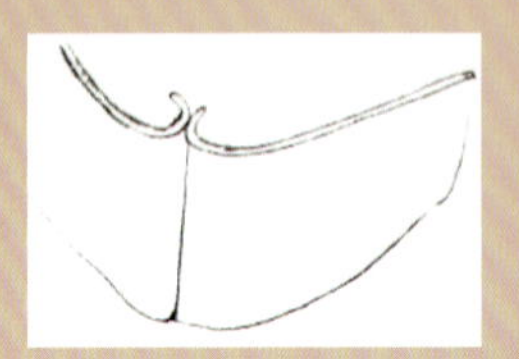

与材料切口厚度一致

涂上边油，隐藏部件切口。

用于皮革材料，目的是保护部件切口，一般油边 2~3 次。可根据需要调制各种颜色，也有透明色。

开叉刀

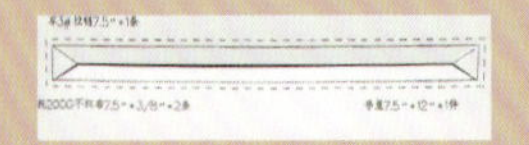

大身面料 3 分半

内里小于 3 分

拉链窗两头的三角刀口，大身外用 5 号拉链，内里用 3 号拉链。

5 号拉链：与开口边留半寸；

3 号拉链：与开口边留 3~3.5 分。

牙位

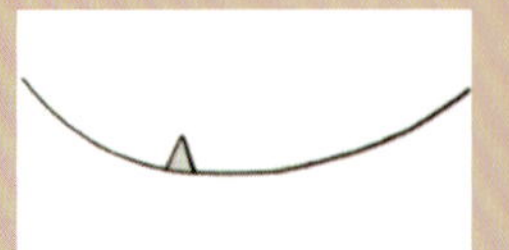

切口深小于 3/16 寸（1 分半）

V 形切口，用于对位。

两件材料在缝合过程中，为了便于相互对齐而设置。

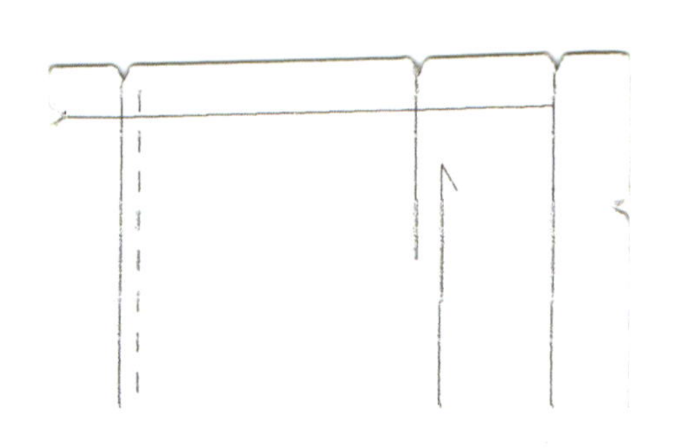

3 了解常见铲皮工艺

铲皮是皮革材料制作的一项常见工艺，在制作过程中要根据实际需要将皮料整体或者局部铲薄，其中局部铲薄一般是为了使折边的部分缝制方便、均衡美观。通常皮革的厚度在 1.5 mm 到 2.5 mm，比较薄的羊皮厚度在 0.8 ~ 1.0 mm，树羔皮（专业名词叫植鞣革）的厚度一般达到 2.5 ~ 4.0 mm。常见的铲皮工艺介绍如下所示：

削皮机

铲皮

包骨皮

铲边宽度：6 分宽 通铲　　铲皮后厚度：0.6 ~ 0.7 mm

肩带 + 双托料

总厚度：3.0 mm

手挽 + 单托料　　总厚度：1.6 mm

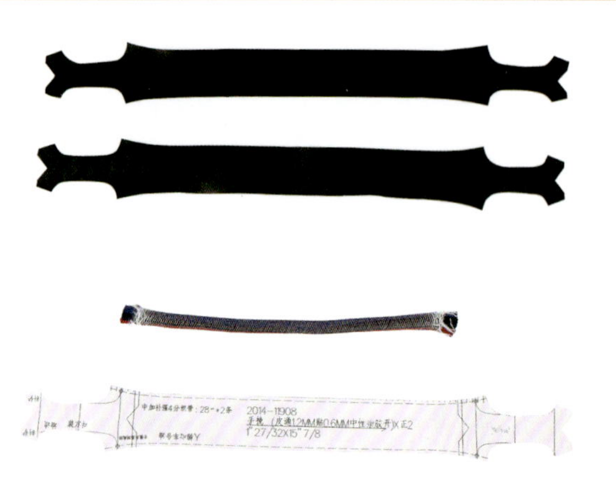

耳仔 + 托料　　总厚度：2.5 mm

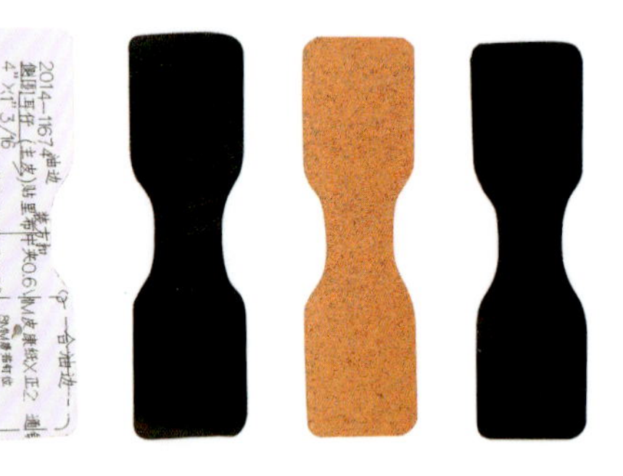

内窗贴　　总厚度：2.0 mm

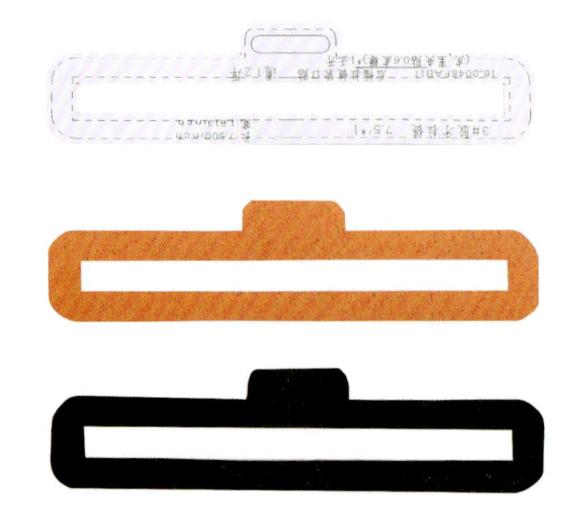

拉牌

总厚度：1.5~1.8 mm

车反分边

铲皮宽度：4 分斜口　　铲皮后厚度：0.6 ~ 0.8 mm

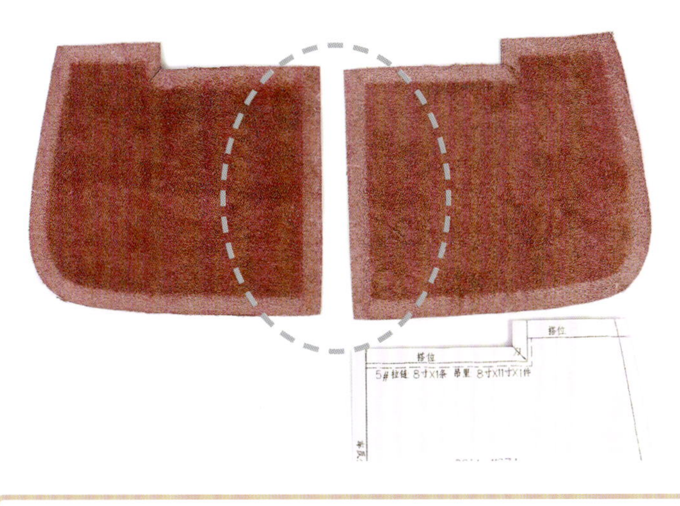

折边位

铲皮宽度：3 分半斜口　　铲皮后厚度：0.4~0.5 mm

埋袋车反位

铲皮宽度：3 分半斜口　　铲皮后厚度 :0.7~0.8 mm

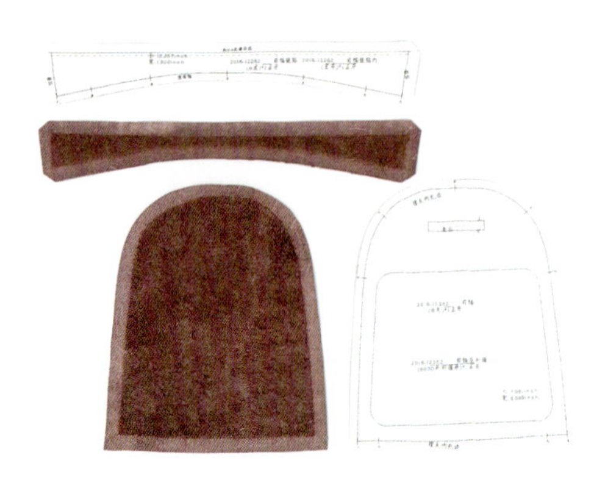

搭位

铲皮宽度：2 分半斜口　　铲皮后厚度：0.8~1.0 mm

包壳位

铲皮宽度：4 分斜口　　铲皮后厚度 : 0.6~0.7 mm

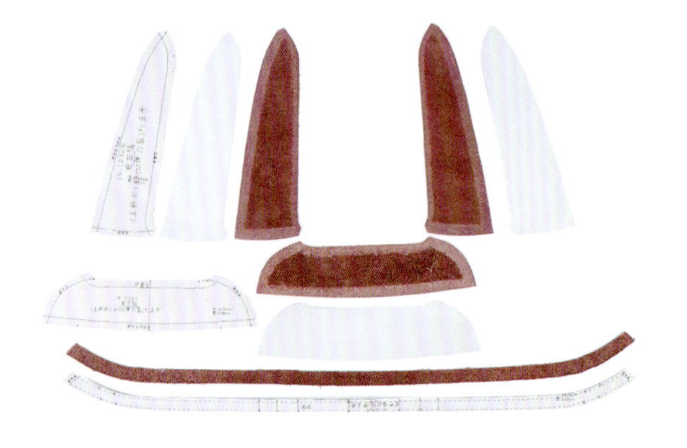

窗口折边位

铲皮宽度：1 英寸斜口　铲皮后厚度：0.4~0.5 mm

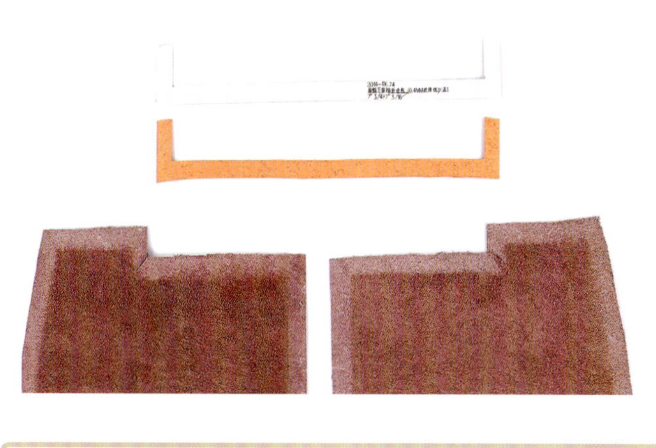

皮驳里布车反位

铲皮宽度：2 分斜口　铲皮后厚度 : 0.9~1.0 mm

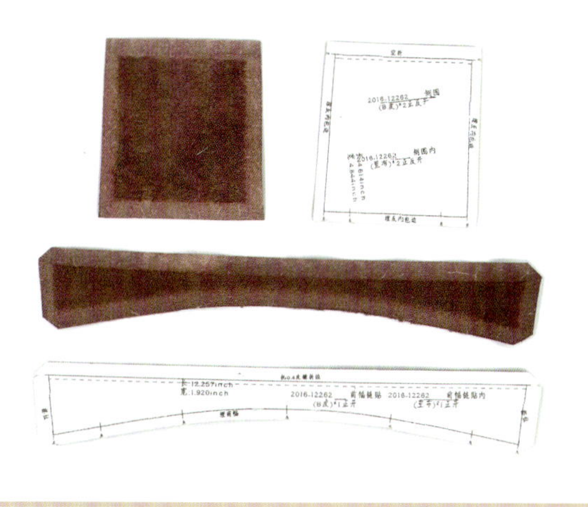

包边皮

铲皮宽度：6 分宽 通铲　铲皮后厚度：0.7~0.8 mm

4 认识面料与配件

织物类

帆布

帆布是一种较粗厚的棉织物或麻织物，比较环保，相对来说不耐脏，也不防水。由于其独特的质地和环保特性，适合制作时尚百搭的包包，结合不同的流行元素与服装搭配出各种风格。

涤纶

涤纶具有良好的透气性、排湿性和抗皱性，保形性、弹性较好。色泽比尼龙暗，具有较强的抗酸碱性、抗紫外线的能力，适合制作性价比较高的箱包产品。

尼龙

尼龙（锦纶）的性能优于涤纶，价格是涤纶的两倍。其优点是高强度、高耐磨性、高抗化学性及良好的抗变形性、抗老化性，缺点是手感较硬。适合制作对耐磨性、受力度、色牢度等要求较高的箱包产品。

牛津布

牛津布是以织布工艺作为布料名称的一种布，采用涤纶、尼龙（锦纶）原料都可以织出来。涤纶牛津布大多用来做箱包，尼龙牛津布主要制作防汛防雨用品。牛津布比尼龙更耐磨、耐高温，两者都具有防水功能。

皮革类

PVC

PVC 属人造革，价格便宜，容易变硬变脆，常用于包包局部如耳仔、包底等不太显眼的部位。

PU

PU（聚氨酯）是最常见的人工合成革，其制造工艺比 PVC 复杂一些，具有透气性，手感柔软舒适，价格比 PVC 高一倍以上，用于制作款式时尚多样、高性价比的箱包，缺点是不耐磨。

超纤皮

超纤皮是超细纤维合成革，代表合成革当中的最高技术水平，它以三维立体结构的超细纤维无纺布作为基布，表面涂上高性能聚氨酯树脂，价格是普通 PU 的几倍，好的超纤皮比真皮价格高、性能更优。超纤皮耐磨、耐用，手感好，是最佳的真皮替代材料。

头层皮

头层皮是指由各种动物的原皮直接加工，或者是较厚的原皮横切后的上层部分，其具有严密的纤维组织，具有非常好的透气性，结实耐用，一般用于制作高档的箱包产品。

二层皮

二层皮采用动物原皮横切后的下层部分，表面覆上 PVC 或 PU 薄膜而成，其纤维组织较疏松，张力和韧性不如头层皮，优点是色彩鲜艳、着色均匀，适合制作具有一定头层皮特性的、定位中等档次的箱包。

塑料类

ABS

ABS 综合性能较好，比较便宜，一般采用吸塑工艺制造低档的旅行箱产品，采用 ABS+PC 的产品具有较高的性价比。

PC

PC 具有良好的韧性，抗压性能比 ABS 高 80%，一般采用吸塑工艺制造中高档的旅行箱产品，箱体轻便坚固，表面可印制各种纹理和图案，适合制作时尚和个性化的产品，但是耐磨性一般。

PP

PP 具有非常好的耐磨性，抗冲击性比 PC 弱一些，一般采用注塑工艺制造中高档的旅行箱产品，其注塑所需的模具费用相当高，适合于大批量制造，优点是制造过程基本无废料，箱壁更薄，箱体轻便耐磨。PP 适合做表面纹理组合和细腻的造型，也可以做成锁扣结构(无须拉链)。

五金（一）

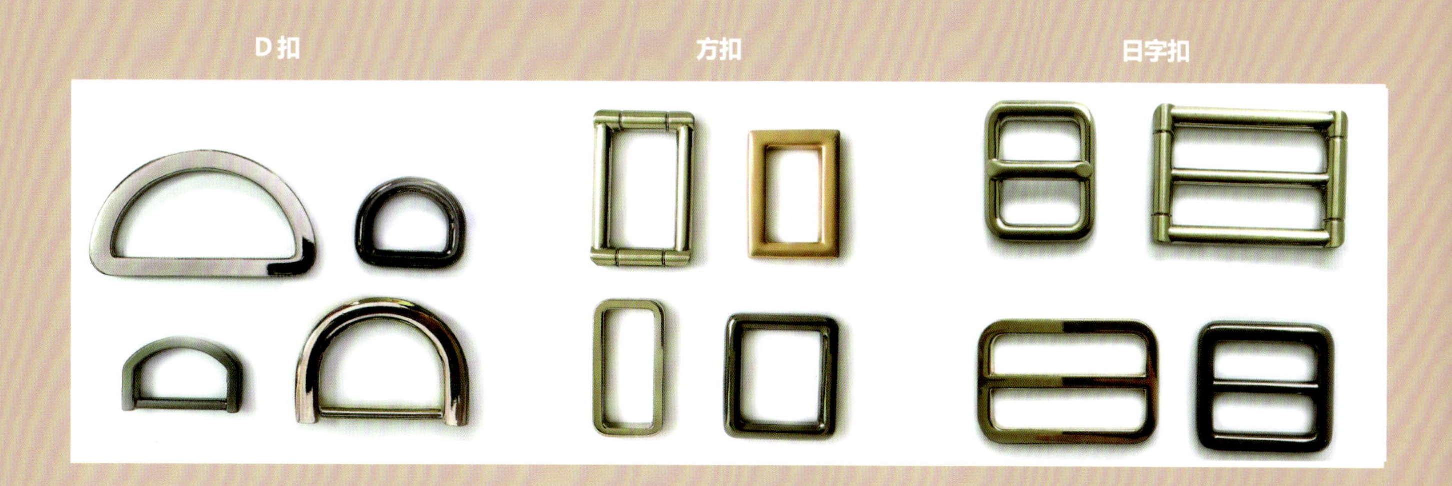

圆圈　　钟扣　　常见颜色

五金（二）

磁钮 **鸡眼** **拱桥**

链头 **链条** **急钮**

以上四件为一套

金属 logo **钉**

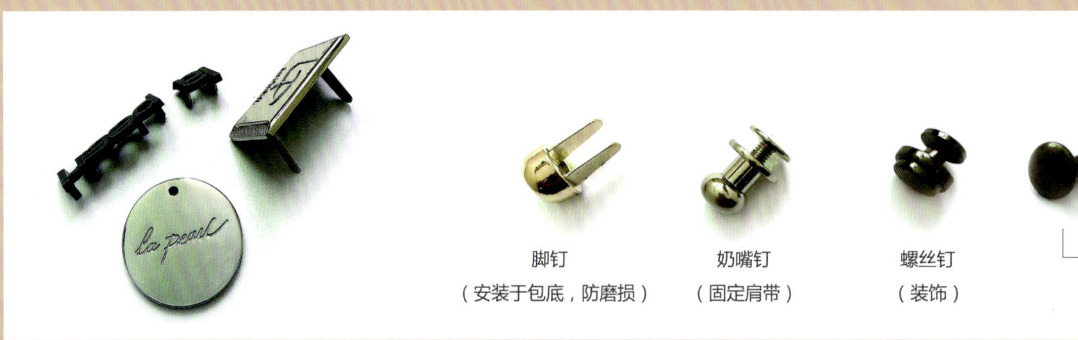

脚钉（安装于包底，防磨损）

奶嘴钉（固定肩带）

螺丝钉（装饰）

蘑菇帽（装饰）

配件

提手　　拉杆　　万向轮

拉链

铜牙拉链

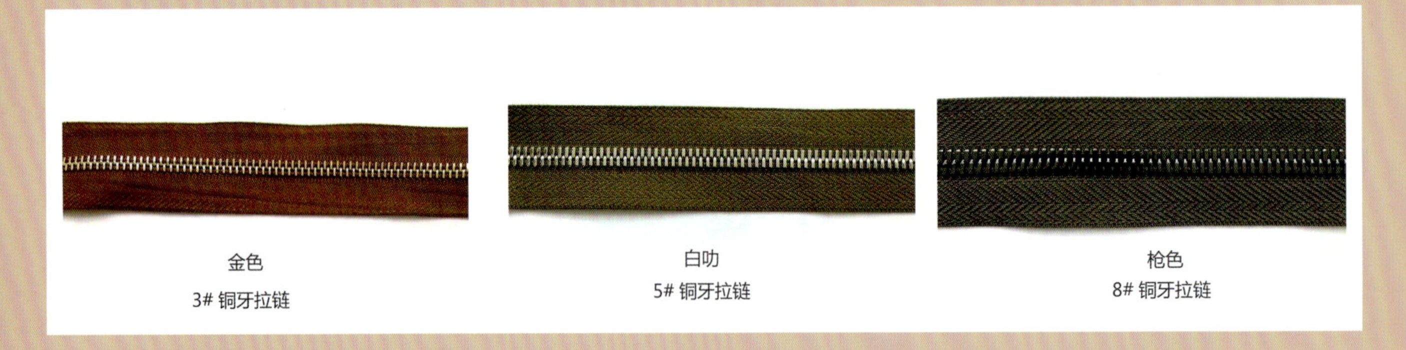

金色
3# 铜牙拉链

白叻
5# 铜牙拉链

枪色
8# 铜牙拉链

尼龙拉链

3# 尼龙拉链

5# 尼龙拉链

8# 尼龙拉链

10# 尼龙拉链

5 认识托料与辅料

托料与辅料的合理运用在箱包制作中非常重要，能体现产品的品质感和专业性。在实际的开发中，当面料的厚度、韧性、硬度、抗拉性等无法满足要求的时候，一般都要在面料下面固定相应的托料或辅料。托料和辅料的种类较多，一般比较常见的有皮糠纸、无纺布、杂胶、弹力胶、回力胶、露华里、海绵、珍珠棉、泥胶、快巴纸、日本纸、咭纸、EVA、PE 板、PP 板、胶条、骨芯等。

皮糠纸

厚度：0.4 mm、0.6 mm、0.8 mm

使用部位及说明：肩带、耳仔等小部位，折边处或托在内侧。

露华里

厚度：0.6 mm、0.8 mm

使用部位及说明：在面料厚度不够、坚挺度不够的情况下使用，其质地相较弹力胶和回力胶要更软。

PP

厚度：0.4 mm、0.6 mm、0.8 mm、1.0 mm

使用部位及说明：常用于男包，托在车反、搭位、拉链等位置，使其更坚挺。

EVA

厚度：1.5 mm、2.0 mm、2.5 mm、3.0 mm、4.0 mm

使用部位及说明：托在包袋底部、箱包大身等部位，使其坚挺美观。

杂胶

厚度：0.4 mm、0.6 mm、0.8 mm、1.0 mm、1.2 mm、1.5 mm

使用部位及说明：分软、中、硬三种，托住面料，使包包定型。

PE

厚度：0.8 mm、1.0 mm、1.2 mm、1.3 mm、1.5 mm、2.0 mm、2.5 mm、3.0 mm

使用部位及说明：托在拉杆箱背面等部位，使其坚硬不易变形。

高密度海绵

厚度：0.8 mm、3.0 mm、5.0 mm

使用部位及说明：一般用于包包的后幅、前幅、侧围，多用于拉杆箱，增强手感。

珍珠棉

厚度：2.0 mm、3.0 mm、5.0 mm、8.0 mm

使用部位及说明：多用于男包的后幅、中格与拉杆箱，有缓冲、保护的作用，例如男包中放置笔记本电脑的隔层。

无纺布

厚度：0.4 mm、0.6 mm、0.8 mm、1.0 mm

使用部位及说明：局部补强，可以用于折边的部位，托在面料下面，使折边处坚韧有型。

弹力胶

厚度：1.0 mm、2.0 mm、1.5 mm、3.0 mm

使用部位及说明：主要用于男包侧围跟链贴，起到定型的作用，使面料坚挺，其硬度跟回力胶、露华里相比是最硬的。

日本纸

厚度：0.6 mm、1.0 mm、2.0 mm

使用部位及说明：类似白卡纸，托在需要加强硬度的部件上。

棉芯、胶通

厚度：0.6 mm、0.7 mm、0.8 mm（常用）、0.9 mm、1.0 mm、1.2 mm

使用部位及说明：一般用来做手挽。

骨芯、包边骨

尺寸：骨芯——拉杆箱用 4.5 mm、男包用 4.0 mm

使用部位及说明：骨芯——用面料将其包住，然后车缝，可以做装饰条用，也可以做包边骨用。包边骨——将铁线或者弹簧线塞入包边骨，然后在外面包一层面料，起到拉杆箱包定型和防爆裂的作用。

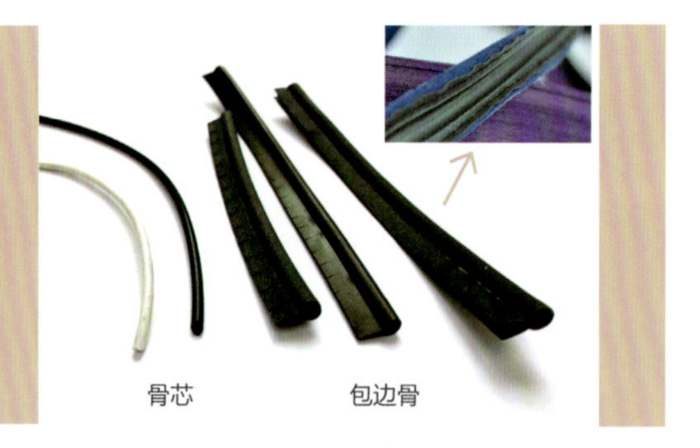

不锈钢弹簧股

厚度： 2 mm、2.5 mm、3 mm

使用部位及说明：一般用于拉杆箱包的框架，有定型的作用。

6 学会看纸格

纸格是由设计概念和创意走向实物的关键环节，就好比批量化工业产品的模具，它决定着最终所制作实物的实际效果，相当于“工程图纸”。箱包皮具企业的开发部门有专门绘制纸格的师傅，属于工程技术人员，开发部门可以没有设计师，但纸格师傅绝对不能缺。设计师必须具备绘制纸格的能力，但在分工较细的企业，这项工作由专业的纸格师傅来完成，但双方需要充分的沟通，让纸格师傅能完全明白设计师的意图，必要时设计师还要做一定的妥协和让步，这样才能使设计创意落地。

当初学者还没有学会出纸格的时候，应该首先学会看纸格。有条件的话建议到箱包厂版房进行实操训练，拿一套已经出好的箱包纸格，自己根据纸格手工开料、车缝制作一遍，在实际制作过程中发现问题，找专业人员解答疑惑。通过实操训练了解了箱包结构和制作工艺之后，再学习出纸格，会有较好的学习效果。

纸格1

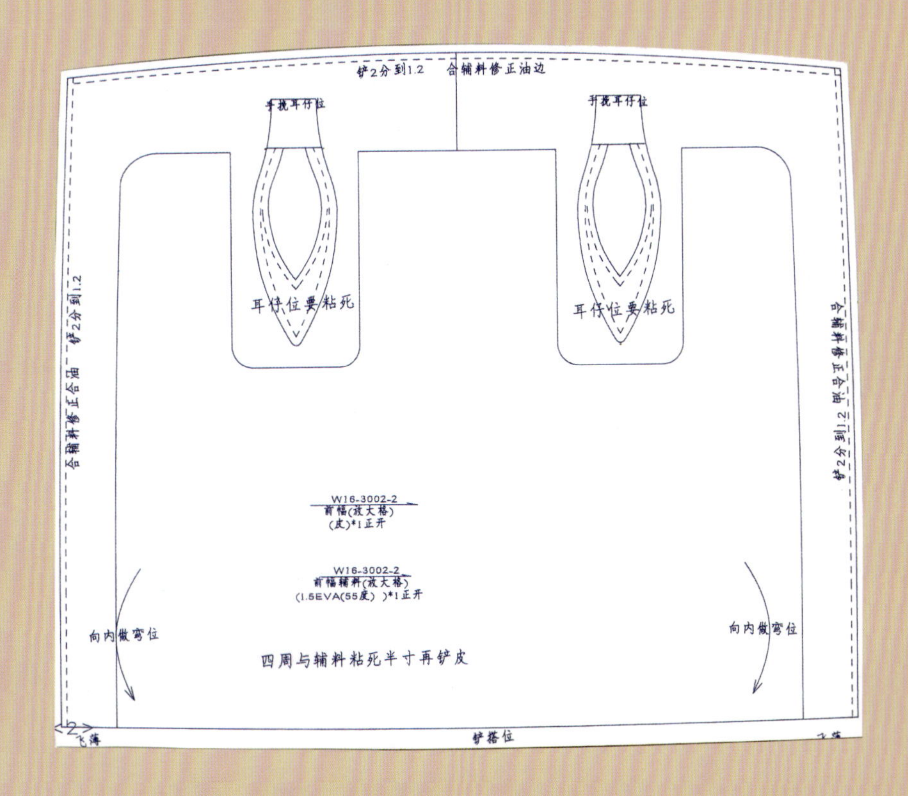

此图为某款包包的前幅纸格，即包包的正面，纸格当中一般实线是指前幅的正式尺寸（前幅的真正大小），虚线是指车线位。

下面结合上面的实例对纸格的常用术语进行解读：

合辅料修正合油

用比前幅的尺寸大一点的辅料和皮涂满胶水整块贴合，然后再切出跟前幅纸格同样的尺寸（意即“修正”），然后进行油边。

铲 2 分到 1.2

铲边的宽度为 2 分（约 6 mm），铲边后的材料边缘厚度为 1.2 mm，专业出格师采用卡表度量厚度。

向内做弯位

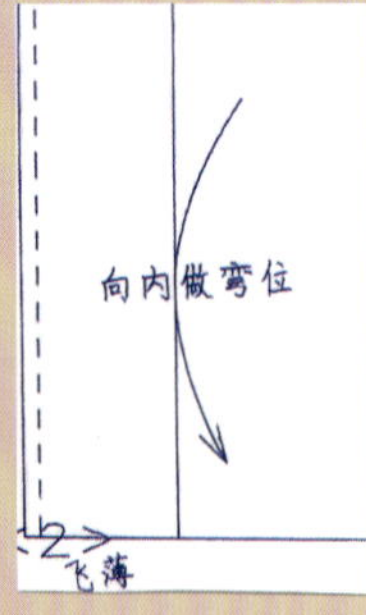

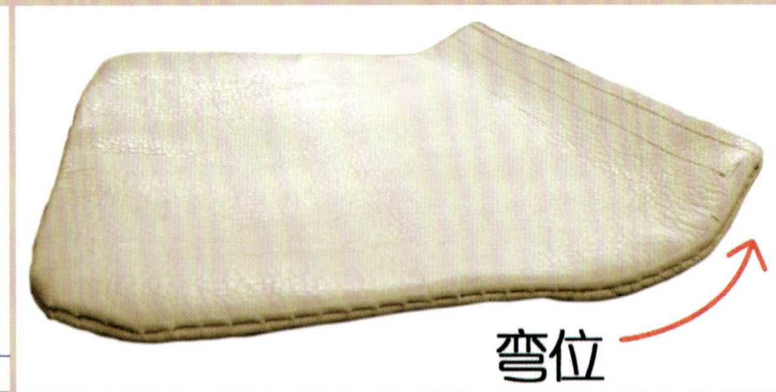

飞薄

将前幅左下角铲薄一点，使车反处面料的厚度与其他地方一致，保证缝合后有良好的贴合度和美感。

手挽耳仔位

手挽与车耳仔车缝的位置。

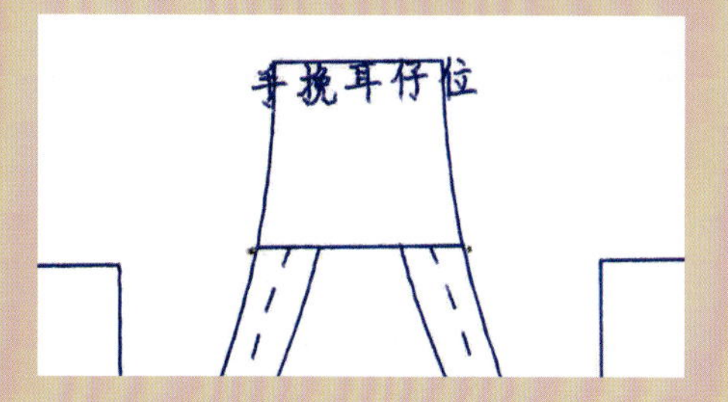

耳仔位要粘死

耳仔要涂满胶水整块贴住前幅。

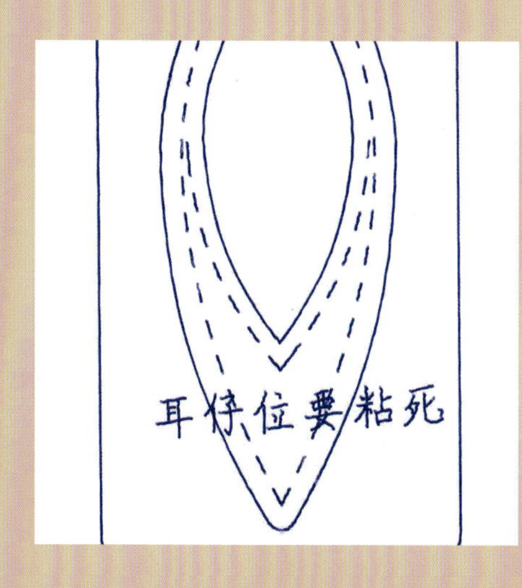

（1.5EVA(55 度））*1 正开

括号中的内容是辅料的名称，开 1 件。

W16-3002-2
前幅辅料(放大格)
(1.5EVA(55度))*1 正开

铲搭位

搭位是指另一块料搭上去的位置，该处要铲薄，这样制作好以后的搭位处会比较平整，视觉效果好，在皮具制作工艺中较为常见。

一个箭头代表一个纸格，出格师为了节省纸张，会将同样大小的两张纸格出在一张纸格上，所以有两个箭头，虚线是车线位。

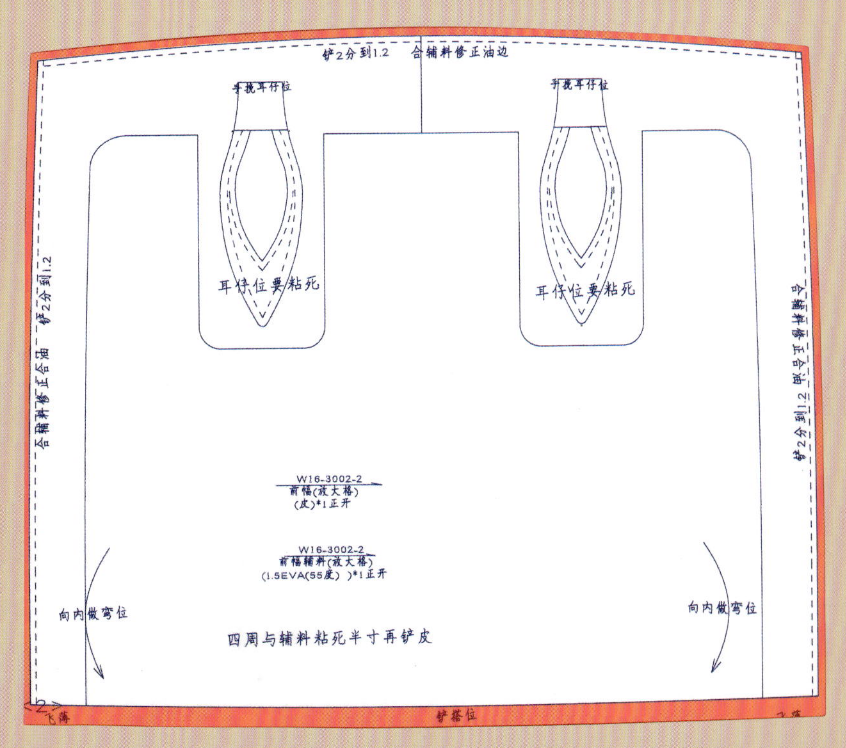

皮 *1 正开

用皮革开料，开一张。

前幅（放大格）

“前幅”指包包正面，“放大格”指比前幅大一圈（上页图中红色部分），便于将前幅面料跟辅料先贴合，再切出所需要的实际大小。

四周与辅料粘死半寸再铲皮

皮革与辅料四边半寸（约 1.2 mm）的宽度涂胶水贴合，再一起铲皮（边）。

W16-3002-2
前幅(放大格)
(皮)*1 正开

W16-3002-2
前幅辅料(放大格)
(1.5EVA(55度))*1 正开

四周与辅料粘死半寸再铲皮

纸格 2

W16-3002-2
肩带耳仔
(皮贴0.6防水胶)*2 正开
皮通 1.4
开川纹

肩带耳仔的正格

皮通 1.4

皮料整体铲薄到 1.4 mm 厚。

开川纹

顺着“川”纹进行开料，“川”是一种纹路。

（皮贴 0.6 防水胶）*2 正开

皮料与 0.6 mm 厚的防水胶对贴，开 2 张。

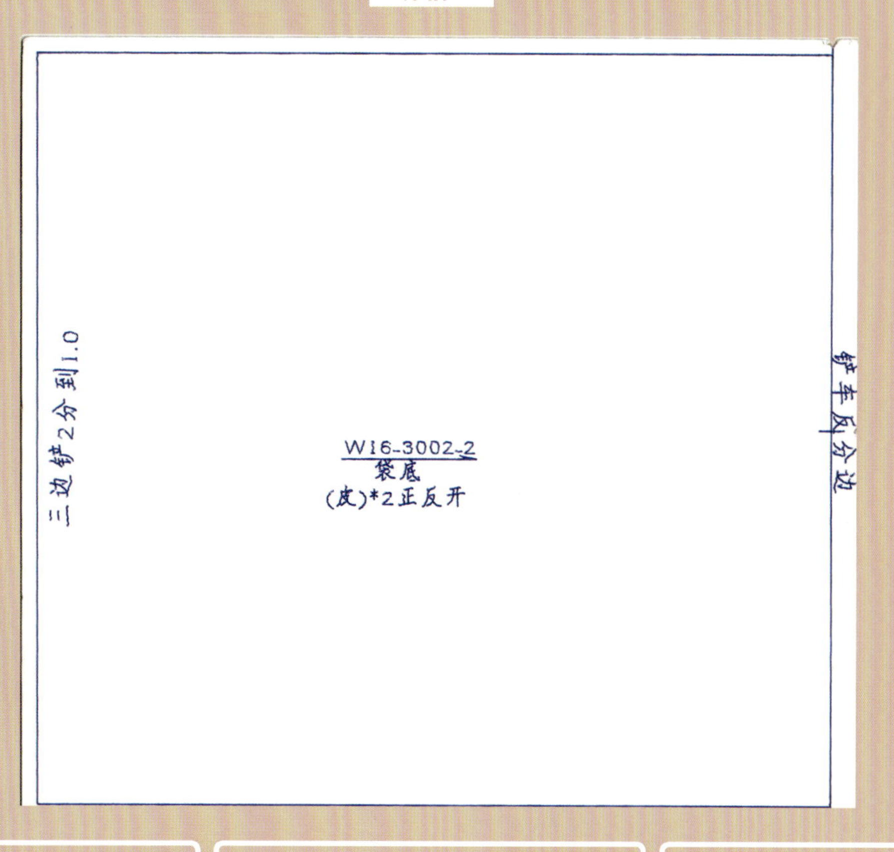

铲车反分边

车反分边是一个工序，指两片皮料经过车反后，其反面多出的接头部分需要铲边，在车反工序完成后便于折边，保持平整的效果。

三边铲 2 分到 1.0

指图中的 A、B、C 三边分别铲边，铲边的宽度为 2 分，边缘处厚度为 1.0 mm。

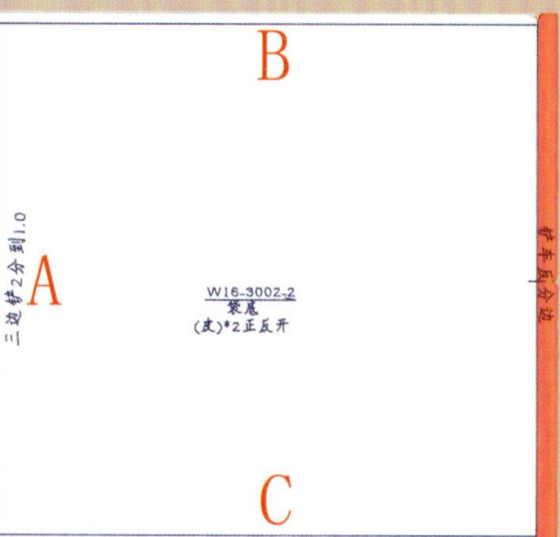

袋底（皮）*2 正反开

袋底用皮料的正面开一张，再用皮料的反面开一张，然后将两张缝合，以降低皮料的损耗率。（即包包的底部一分为二，由两块料拼合而成。）

W16-3002-2
袋底
(皮)*2正反开

修正先油

将材料边缘处修正整齐后再油边。

（皮）*2 正开

皮革正面开 2 张。

（1.5 EVA）*2 正开

1.5 mm 厚 EVA 正面开 2 张。

四边粘死 4 分再铲皮

皮革与 1.5EVA 四边 4 分（约 12 mm）宽的位置涂胶水对贴，再铲皮。

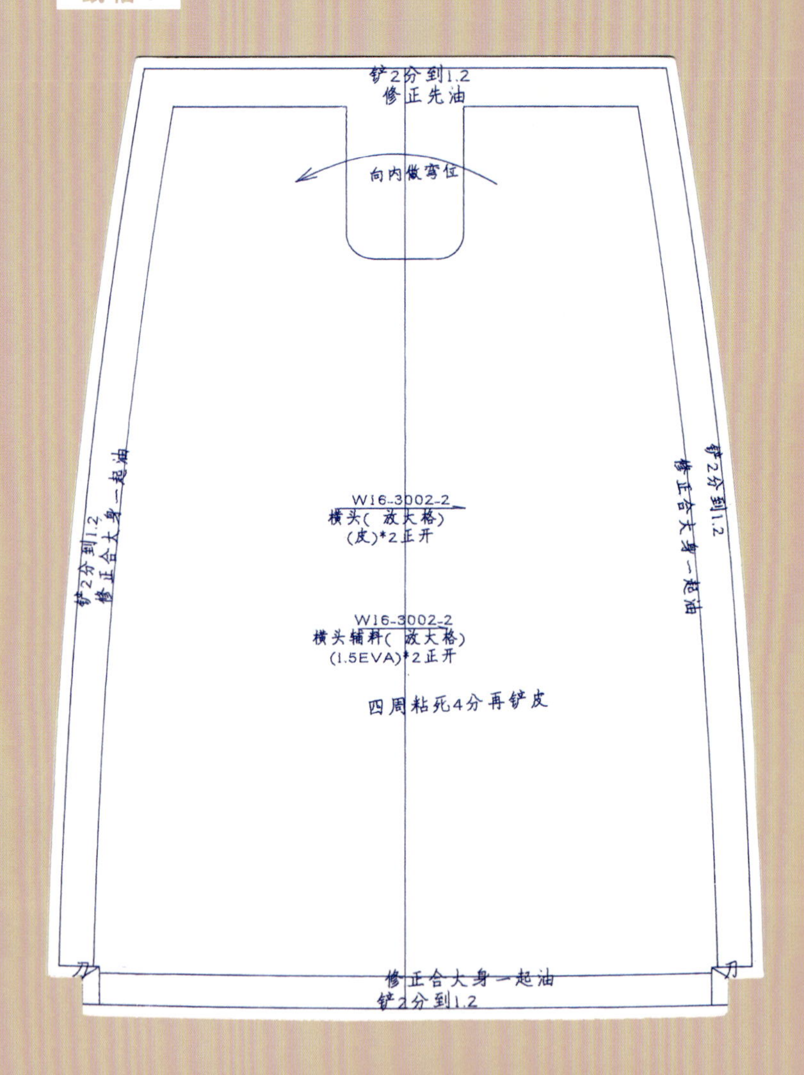

铲 2 分到 1.2

铲边宽度为 2 分（约 6 mm），边缘处厚度为 1.2 mm。

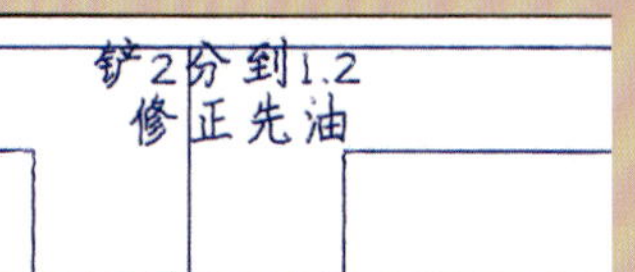

向内做弯位

在此位置向内弯曲，做出褶皱的效果（完成后呈 W 形）。

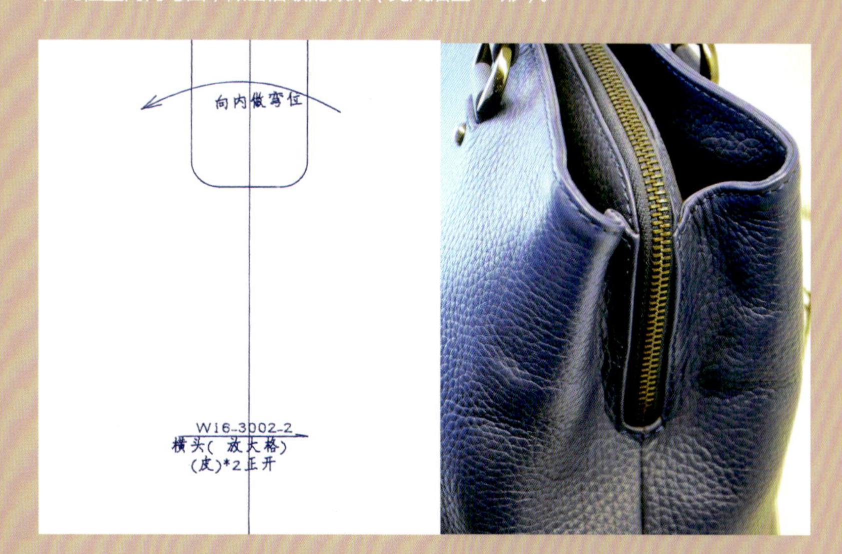

修正合大身一起油

修正后与前后幅一起油边。

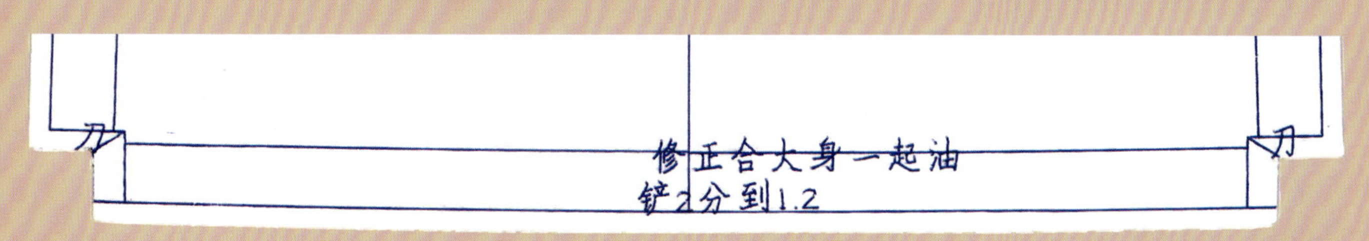

纸格 5

图为手挽正格，该纸格左右对称，下面针对其中一边进行解释：

合车后再修正油边

a 与 b 合在一起车缝，然后将皮边修齐、油边。

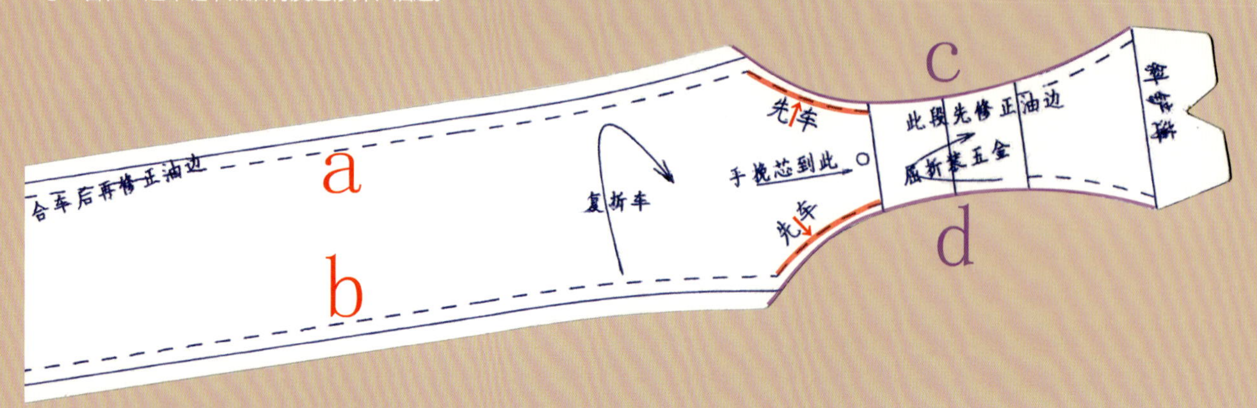

复折车

意思与“合车”一样。

先车

需要提前车缝的部分，图中这两条线也叫假线，起装饰作用。

此段先修正油边

c、d 先修好皮边再油边。

斜铲薄

用斜刀铲薄，斜刀是铲皮机的一件工具之一。

屈折装五金

在 c、d 间的位置上装五金扣件然后弯折。

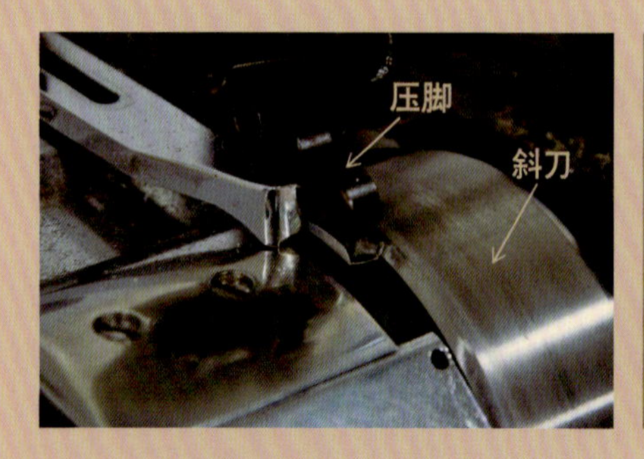

小结

以上内容针对一款皮具的纸格进行了解读，没法囊括所有的纸格知识和工艺知识，目的是引读者入门，了解纸格的基本术语和表述方式。出好纸格是成为一名专业的纸格师，成为优秀设计师的前提，需要读者在实践中不断积累材料、结构、制作工艺等方面的知识以及经验，并加以综合运用，这样才能保证将设计方案和创意转化为出色的手工制品。

7 出格的基本要领

一般情况下，需要先学会手工出纸格，具备一定基础后再用 CAD 软件出格，下面介绍一下手工出格的大体学习步骤：

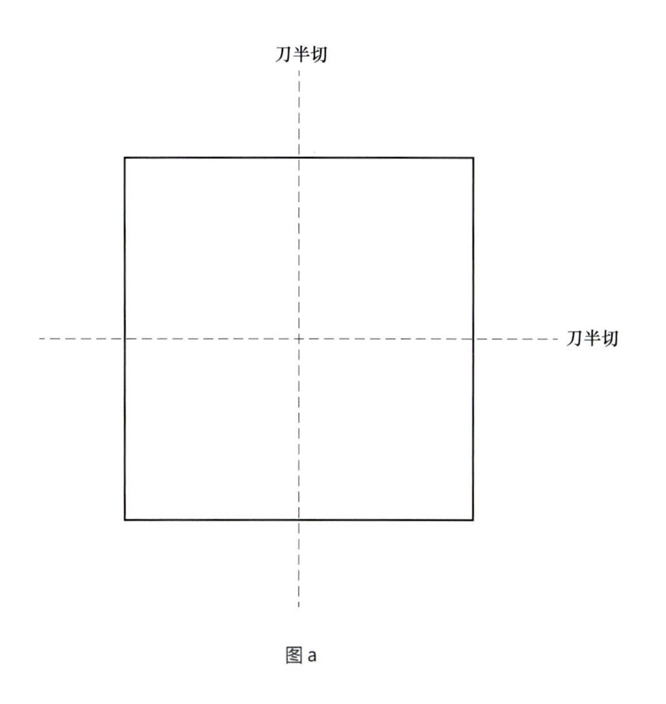

图 a

第一步

练习切纸手法。准备一张白卡纸（300 克），用美工刀切一条中线，注意不要切断纸张。半切的目的是使纸张容易对折。一般情况下包包都是对称的，出纸格时先出一半，通过半切后将纸张对折，再将另外一半切出来，打开后就是一件对称的纸格。（如图 a 所示）

第二步

分析包包的结构（关于包包结构在第 1 篇有详细的介绍），将立体的包包拆解成若干个平面形状，并计算好各连接部位的长度。

第三步

确定包包块面之间的连接方式、材料厚度及制作工艺，以预留必要的长度差或者余量。

图 b

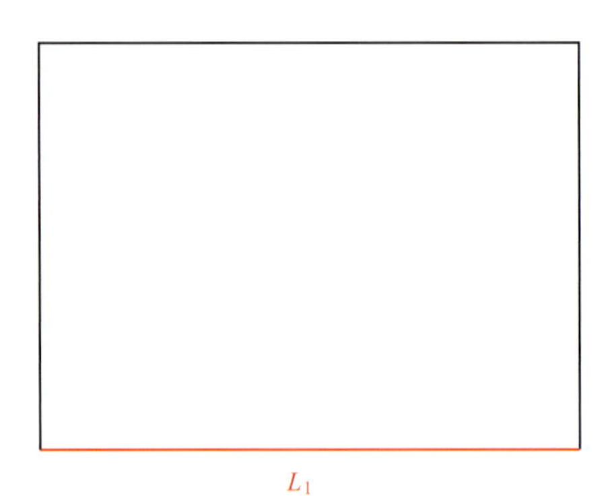

图 c

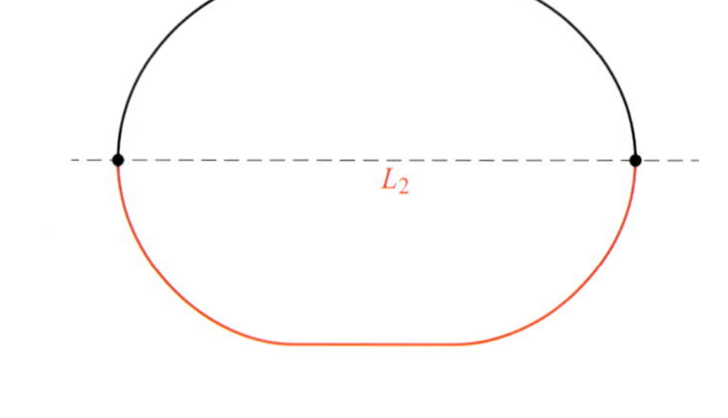

图 d

图 b 的大身由图 c 与图 d 所示的两部分组成（其中图 c 需要两份），L_1 对应 L_2 的长度，由于该包包的结构是图 c 所示的前后幅围合在图 d 的两侧，综合皮料的厚度来考虑那么应该做到 L_1 稍大于 L_2，这样实际制作时前后幅才能刚好围住包底。根据一般的经验，皮料如果不是特别厚（1.1 ~ 1.8 mm 厚），L_1 要比 L_2 长约 2 分 (5 ~ 6 mm)，如果皮料较厚 L_1 要比 L_2 长约 3 分 (8 ~ 9 mm）。特殊情况下需要进行实际制作才能确定具体的长度差。

手工出纸格的好处是帮助初学者更好地掌握包包的比例与外形的美观度，并建立必要的感性认知，在此基础上就可以学习 CAD 软件用电脑出格，提升出格的效率和速度。

8 审美与造型

除了以上的基础知识，关于设计师审美及造型能力的培养和提高，建议非设计专业出身的初学者进行必要的基础训练，例如构成原理、造型设计基础、色彩设计基础等。这些是高校设计专业学生的必修课程，相关的教材和参考书目也较多，初学者可以根据自身的情况自学或者通过其他途径学习，本书不做赘述。如果是设计专业出身的人员，则需要在从事具体设计开发的过程中不断积累经验，不断学习提高，将自己已经具备的专业素质与该行业的最新技术、材料与工艺、市场需求、流行趋势等有机结合，这样才能在该行业更好地发挥出自身优势，成为一名优秀的设计师。

参考文献

[1] 王立新 . 箱包设计与制作工艺 [M]. 北京：中国轻工业出版社，2014.

[2] 叶兰辉 . 包袋出格高级教程 [M]. 广州：华南理工大学出版社，2014.

[3] 百度文库

箱包皮具设计开发流程

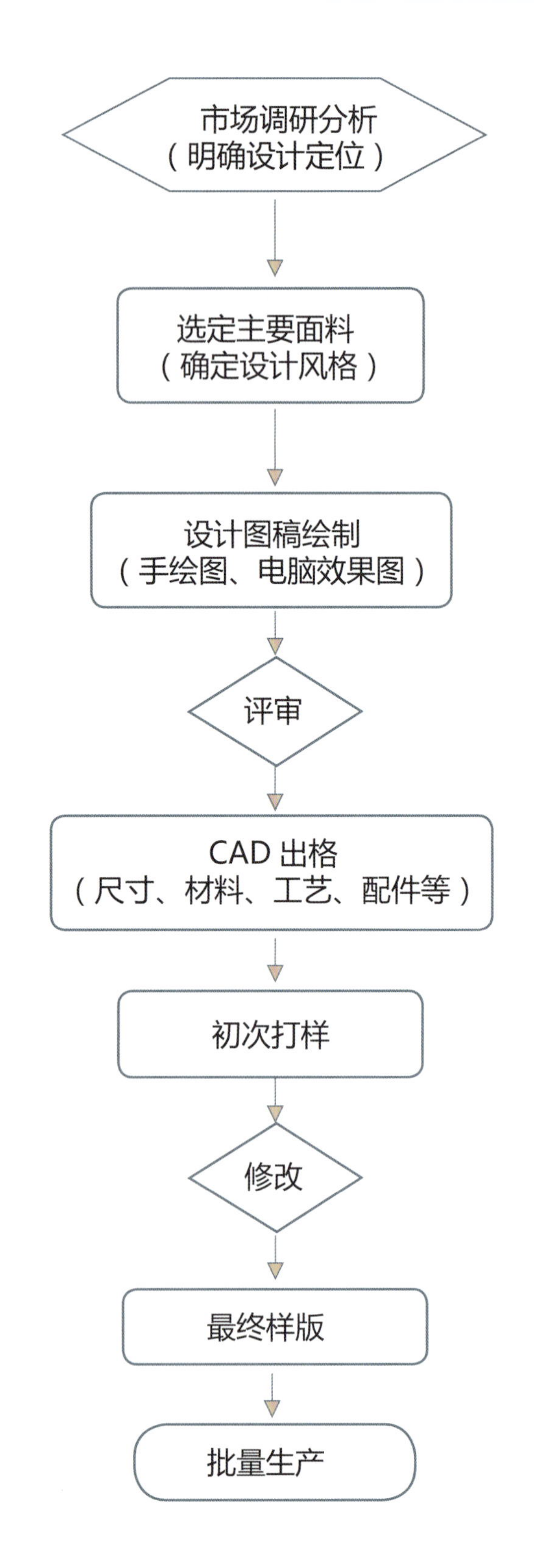

1 市场调研分析

确定类型

在进行市场调研之前，要确定好调研的产品类别，例如女包、男包、背包或旅行箱等。

调研途径

通过以下两种途径开展设计调研，一是线上调研，如天猫、淘宝、京东等大型购物网站、箱包品牌官网等，其好处是信息获取便捷、成本低、信息量大；二是线下调研，主要是去大型商场、超市、专卖店等，其好处是可以直观感受产品材质、色彩以及店内陈设，并通过与售卖人员的沟通获取相关市场信息。

调研思路

（1）选取行业的一线知名品牌，了解其最新上市的产品和相关市场情况，把握该类型产品的发展趋势、流行元素等前沿信息。

（2）对竞争品牌的了解。在开发准备某一产品时，需要明确该产品在现有市场上所处的位置，对与之有相同价位区间、类似风格并具有直接竞争关系的品牌要有足够的了解，并确定具体的设计策略，以保证该产品在投放市场后具备一定的竞争优势。

（3）在一般性的产品开发中，采取“跟随”的设计思路非常普遍，参考具有较好市场反应的新面料、新元素、新袋型（指新的结构及工艺），通过自己的再次开发和创新，能够开发出更加符合市场需要的新产品。

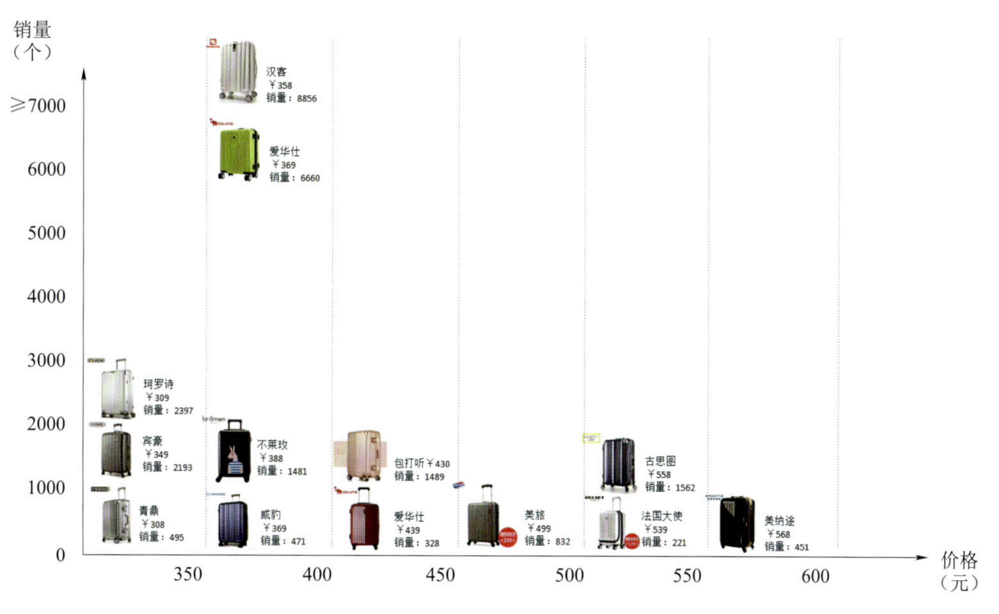

350 ~ 600 元价格区间硬箱产品销量分布情况

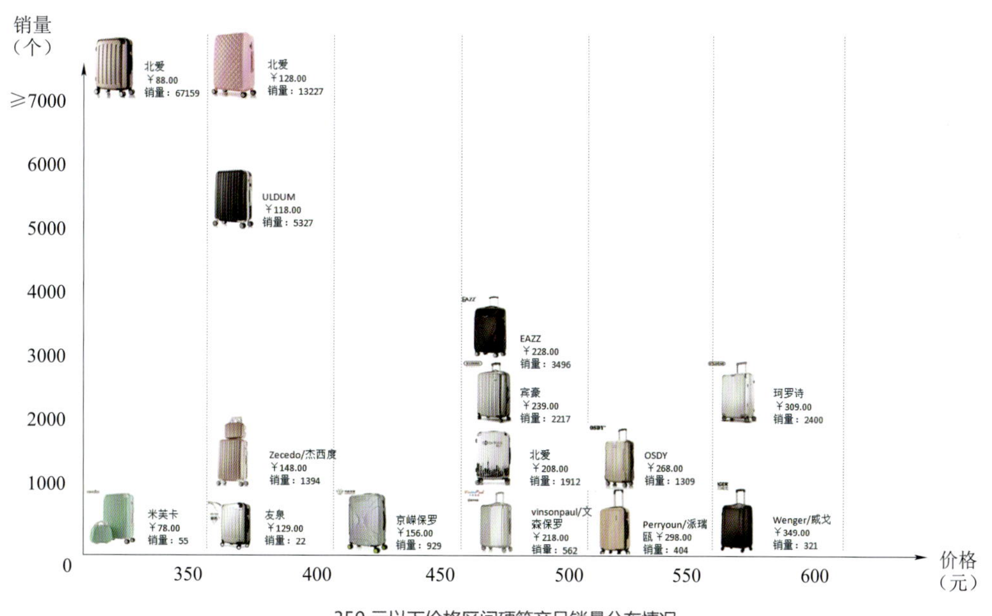

350 元以下价格区间硬箱产品销量分布情况

通过调查并整理出不同价格区间的品牌和销量，制作坐标分布图，依此对现有市场的产品销量做直观了解，制定明确的设计开发目标定位。

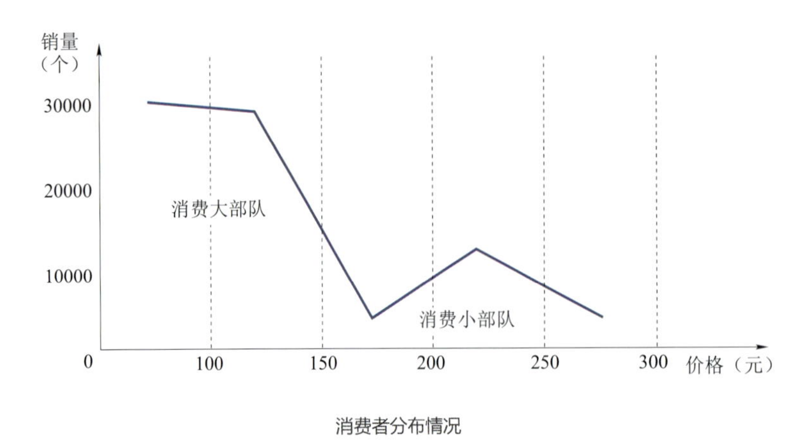

消费者分布情况

以价格和销量为坐标轴制作消费者分布情况图，了解某一产品的消费群体状况，明确自身所开发产品的目标人群定位。

选取市场上有代表性的某些品牌产品开展分析，学习和研究不同产品系列的定位、特性、功能、细节等，以更好地确立自身产品的市场竞争优势。

2 选定主要面料

主面料的选择在很大程度上决定了包包的整体风格走向，因此设计师在接到设计开发任务后，需要到材料市场选定符合设计要求或者方向的主面料，拿到材料样品，然后再开展下一步的设计工作。以广州为例，规模较大的材料市场有佳豪、龙头、狮岭，其中佳豪和龙头市场以皮革为主，龙头市场偏高档一些，狮岭市场以 PU、尼龙为主。

3 设计图稿绘制

（1）手绘图在目前来讲仍然是设计师表达创意、沟通设计方案的最为便捷的方式，它能直接迅速地将自己所思所想呈现出来，每一根线条都倾注着设计师的个人理解和思考。包包设计手绘图应具有非常准确的比例关系，如包包的长、宽、高的尺寸和比例关系，肩带、五金件与包包的比例关系等应该在手绘图中准确体现，然后包包的细节如缝线、褶皱、连接部位等也应如实地表达清楚，面料及制作工艺等信息应在必要时以文字形式进行补充表达。

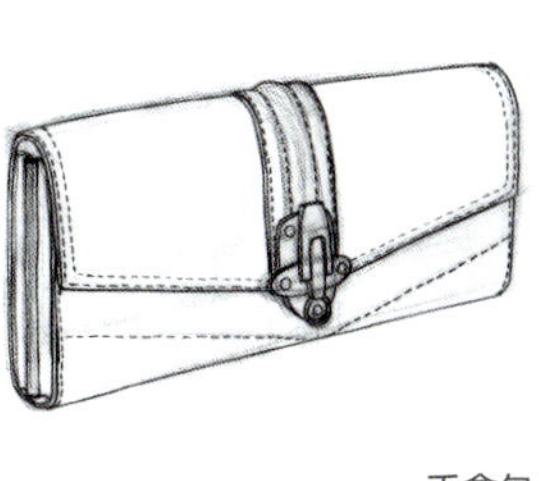

手拿包

单肩包

手提包

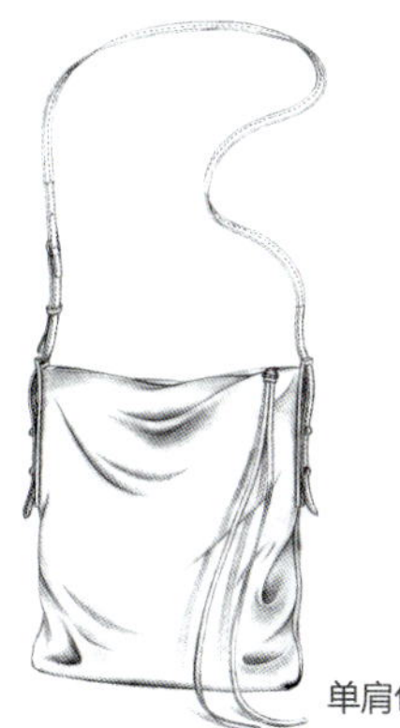

单肩包（小）

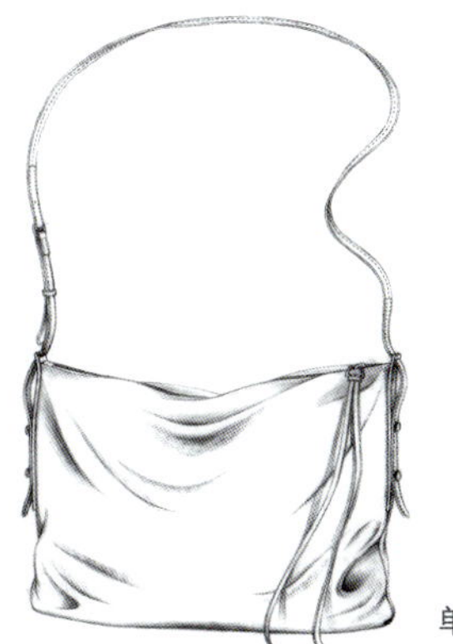

单肩包（大）

手提包

包包的设计一般要形成系列，每个系列有不同的大小型号，用途也有所区别。每个系列的产品开发除了主面料的一致外，还需要具有一些相同的视觉特征，一般出现在五金件、装饰件、盖头、搭扣、插袋等部位。

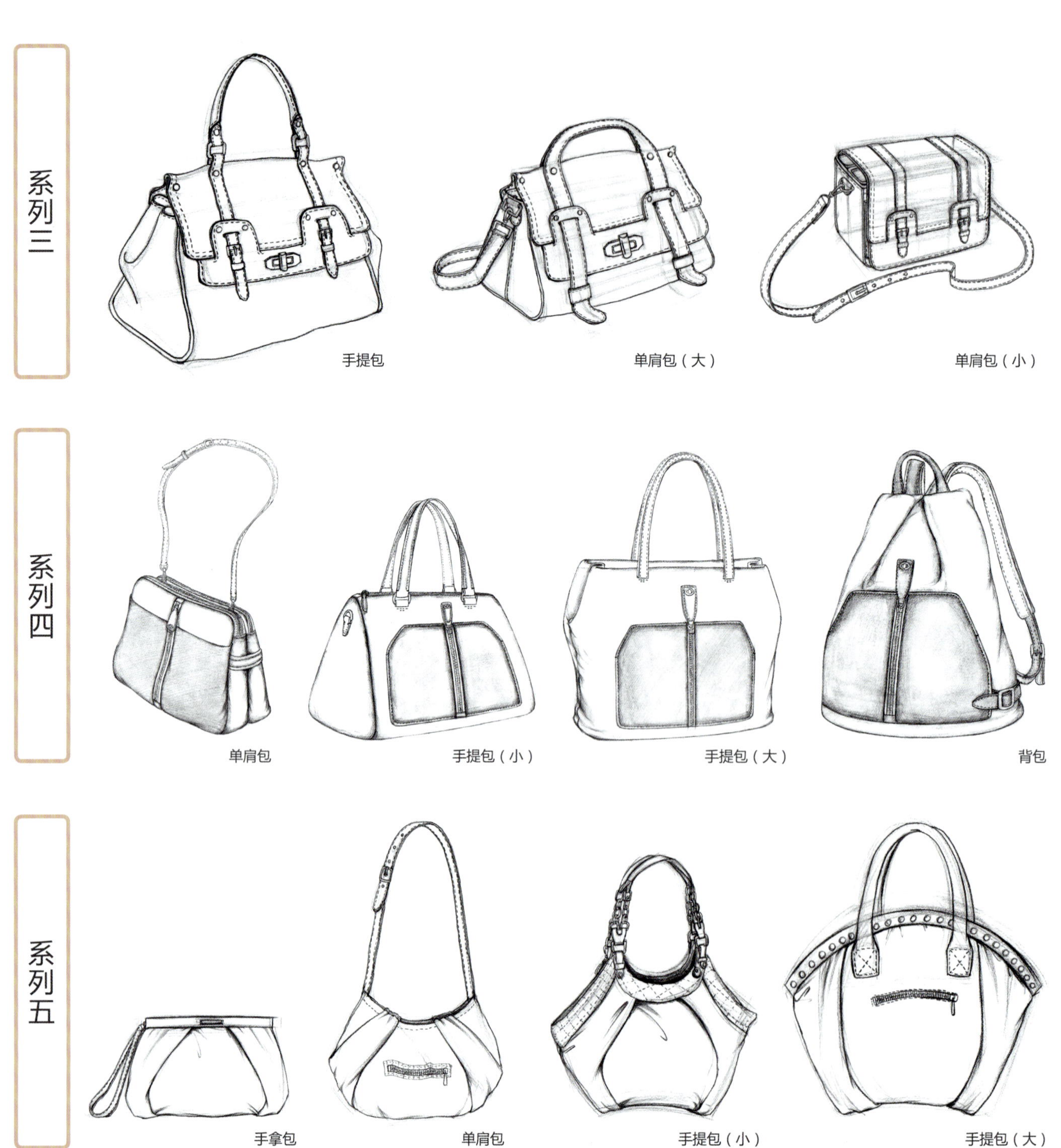

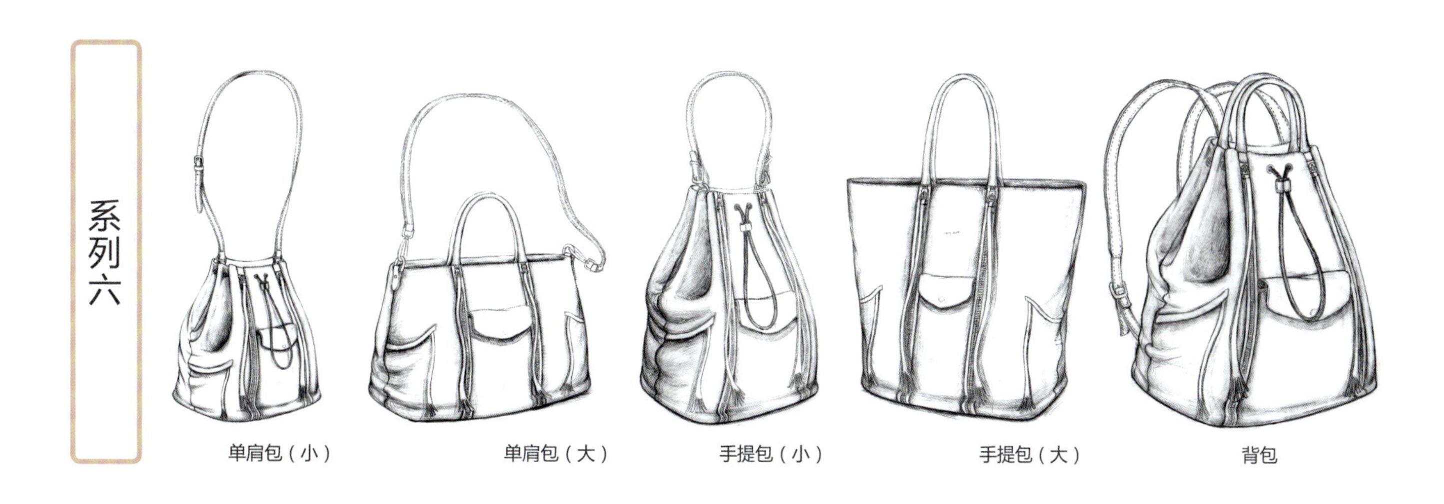

（2）电脑效果图一般用平面设计软件如 PS、AI 等进行绘制，在有必要的情况下也会用到一些三维建模软件，如 Rhino、Pro-e 等。

电脑效果图的优势在于能够模拟成品制作的效果，包括面料纹理、材料质感、色彩等。但要真正在实际开发过程中起到作用，对于设计师本身的能力要求较高，一方面是软件的操作水平，一方面是对于设计方案的具体结构、材料、工艺要非常熟悉和明确，否则电脑效果图的意义不会太大。因为设计方案最终都要以实物样板来进行评价和确认，电脑效果图在大多数情况下用于给客户（委托方）进行评审和验证。

软硬材质结合的旅行箱设计平面效果图（Illustrator 绘制）
作者：柳朝

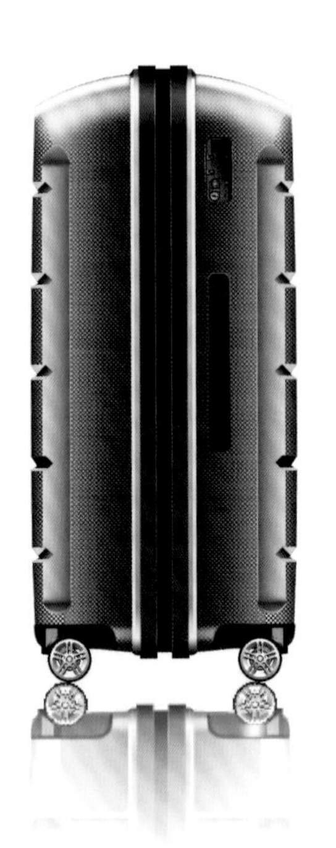

PP 塑料材质旅行箱电脑平面效果图（Illustrator 绘制）
作者：柳朝

PP 塑料材质旅行箱电脑三维效果图
作者：柳朝

（3）设计要点：一般从新面料、新元素、新袋型三个要素中选取一个作为设计的切入点，通过借用、重组、变异、比例变换等方法创造出新颖的设计元素，并将其清晰地表达出来。有的是将当前最新的面料应用于某一经典的款式当中，有的是通过创造新颖独特的视觉元素（如下列三个系列设计作品），有的则是在已有袋型基础上通过结构和工艺的组合创新来开发新产品。

▲**《星空》**（作者：何咏欣）

设计灵感来源于一两年前极其流行的日系原宿星空风格。星空元素与女包结合，必定能迎合很多女生的口味，系列女包侧围星空图案使用数码印刷，前幅配以由铆钉组合而成的星座图案，选用深蓝色系，使女包百搭而又不失亮点。

▲ **《大眼萌》**（作者：何咏欣）

女包的设计风格，除了可以优雅奢华，同样可以萌趣。本系列女包的灵感来源是眼睛配饰，开发眼睛形状的五金作为女包的装饰配件，再搭配萌趣的表情，想必可以俘获一大波少女心。

▼ **《Lace&Rose》**（作者：何咏欣）

设计灵感来源于杜嘉班纳 2016 春夏秀场，秀场上出现了大量的玫瑰刺绣、印花，结合服饰面料，呈现出高贵优雅的感觉。作者觉得这一元素同样可以运用到女包上，于是有了 Lace&Rose 这一系列的诞生。

4 CAD 出格软件介绍

出格软件是指通过电脑辅助设计产品纸样（纸格）的 CAD 软件，也叫打版软件。箱包皮具行业属于服饰配件领域，其结构工艺跟服装相比有些类似，但差异性也非常大，因此电脑 CAD 出格软件的专业性也非常强。目前国内比较有代表性、使用也较为广泛的有时高箱包 CAD 系统、ET-BAG 箱包系统。这两款软件各有所长，时高学习起来相对简单，比较容易入门，中小型的厂家使用非常普遍；ET-BAG 侧重与整个生产流程的对接和品质控制，对纸格师傅的专业性要求更高，适合大型厂家开展标准化作业，很多国内外知名品牌都在使用。

时高箱包 CAD 系统

该系统由原国家科委及纺织工业部直接投资开发，是目前国内纺织服装、箱包业内唯一自主开发、商品化的 CAD 系统。它历经 10 年时间开发，集中了国外主要三套系统的大部分优点，是国家“七五”“八五”重大攻关成果，获得了纺织部艺术科学成果二等奖及多项省部级奖项。系统运行于中文 Windows98/ME/NT/XP/2000 环境，具有强大的功能、友善的人机交互界面、独创的工艺结构设计系统和工时工序分析系统；参数化打版，可适应于比例法、原型法，一次打版自动放码；排料系统，衣片智能定位，自找空洞，快速靠紧。全中文、全网络化操作，设备兼容性强，可与市面上大多数输入、输出设备互连。

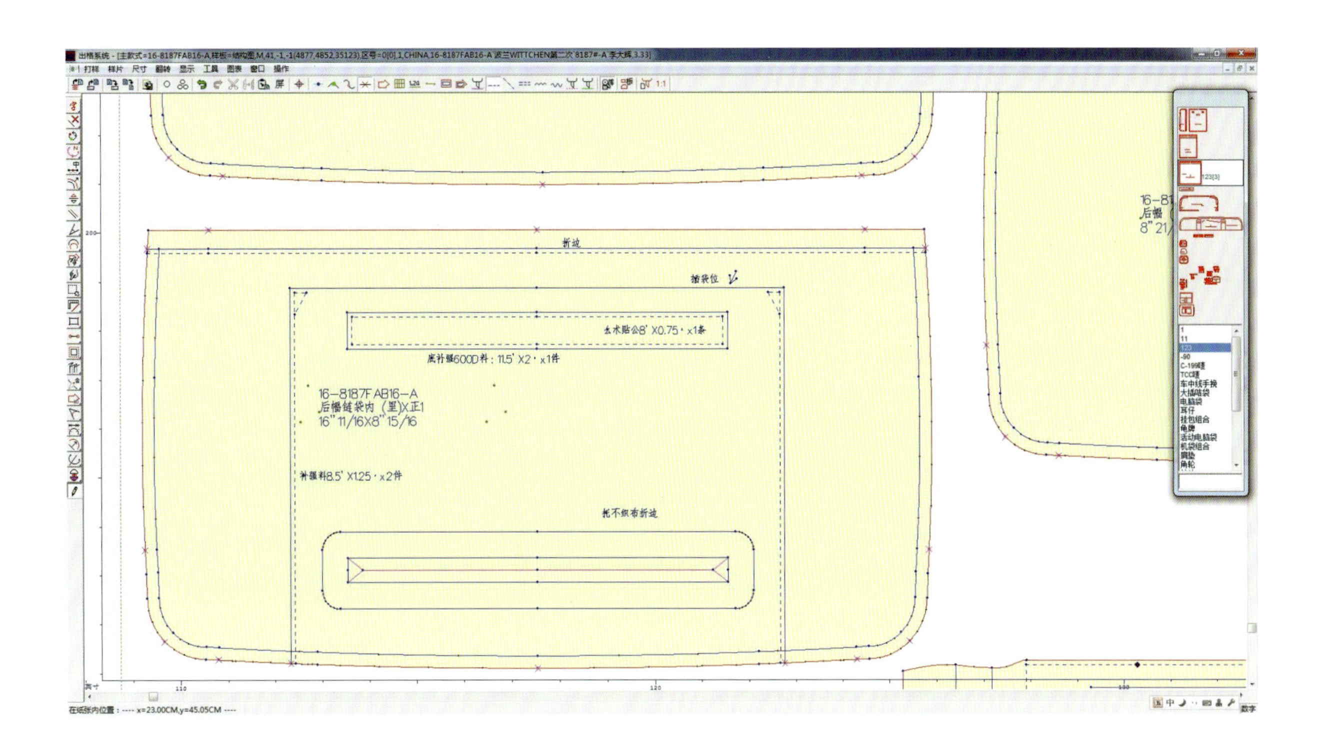

ET-BAG 箱包系统

该系统拥有一支无与伦比的智能笔，该功能有 50 多种用法，相当于其他软件 50 多个图标工具。ET-BAG 箱包系统的三维功能将平面的纸格缝合成三维的效果，并可在三维系统下进行更换面料、颜色、纸格的形状等调整，使平面纸格产生联动机制修改。ET-BAG 箱包系统中的做围功能一键式完成了箱包手袋行业中的所有基本围，解决了出格师傅做围的痛苦。 3D 围功能：将纸格仿真摆放后，自动完成平面无法做到的立体围效果。打褶功能：ET-BAG 拥有强大的打褶功能，活褶、多褶、对褶、掰开褶、褶上打褶等功能，让手袋设计变得得心应手，复杂图形的操作一步到位。最重要的是 ET-BAG 做好的褶能随时、随心、随款变化任意修改，使得出格与设计得到完美结合。完美联动机制：ET-BAG 系统拥有强大的联动修改机制。当师傅完成一些主格的工作后，与其相关的副格能随师父的要求产生联动修改效果，避免出格师傅浪费大量的时间重复做相同的事情。全自动生成止口位、对刀位、对牙位并智能跟踪处理：传统软件产生的止口不能随时随意地按照出格师傅做好的净边修改，纸格一旦产生止口边净边将不能再修改，而 ET-BAG 率先解决了这一难题，使师傅的出格速度得到飞速的提高。智能提取任意图片信息转化为绣花稿：ET-BAG 提供将 JPG/BMP 格式的各类图像智能转为绣花位图，并可支持各类绘图设备打印出来，这一技术可以让绣花稿和出格纸样完美地合在一起，方便与外协厂沟通，减少失误。强大的附件登录存储机制： ET-BAG 拥有的配件登录存储机制，方便出格师傅随意按照所需尺寸调用或登录新的创意配饰图形，这样就大大节省了出格师傅反复做相似工作的时间。

ET-BAG 软件

出格软件绘制好纸格后，通过专门的纸格切割机进行输出和裁切，然后用专门的纸袋装好，写上产品开发编号等信息，交由版房的师傅进行打版。

5 打样及修改

在 CAD 纸格绘制好以后，由纸格裁切机自动绘制并裁切出纸样，并将用到的面料、配件等样版钉在设计图稿上面，进行初次打样。在针车车位及制作台面工作的师傅一般会向设计师反馈在制作过程中遇到的问题，将一些不好做、工艺不合理的地方指出来，而且也会根据自身的制作经验提出具体的解决办法，然后设计师需要结合设计方案进行取舍或修改。

在实际开发过程中，有多年工作经验的纸格师傅能够发现和吸收设计师图稿中的亮点或新颖的特征，将整个产品的结构、要素搭配设计出来。因此，在很多企业纸格师傅往往扮演着非常重要的角色。

电脑出格

纸格裁切机输出纸格

样品袋（含样品制作信息表，如下图）

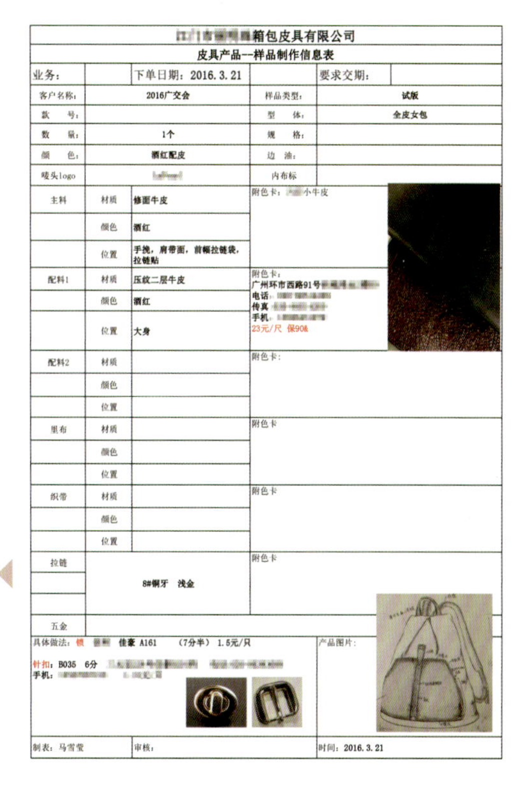

[illegible]箱包皮具有限公司

皮具产品--样品制作信息表

业务：		下单日期：2016.3.21	要求交期：
客户名称：	2016广交会	样品类型：	试版
款　号：		型　体：	全皮女包
数　量：	1个	规　格：	
颜　色：	酒红配皮	边　油：	
唛头logo	[illegible]	内布标	

主料	材质	修面牛皮	附色卡：[illegible]小牛皮
	颜色	酒红	
	位置	手挽，肩带面，前幅拉链袋，拉链贴	
配料1	材质	压纹二层牛皮	附色卡： 广州环市西路91号[illegible] 电话：[illegible] 传真：[illegible] 手机：[illegible] 23元/尺　保90&
	颜色	酒红	
	位置	大身	
配料2	材质		附色卡：
	颜色		
	位置		
里布	材质		附色卡
	颜色		
	位置		
织带	材质		附色卡
	颜色		
	位置		
拉链	8#铜牙　浅金		附色卡
五金			

具体做法：锁 [illegible] 佳豪 A161　（7分半）1.5元/只 针扣：B035　6分 [illegible] 手机：[illegible]		产品图片：
制表：马雪莹	审核：	时间：2016.3.21

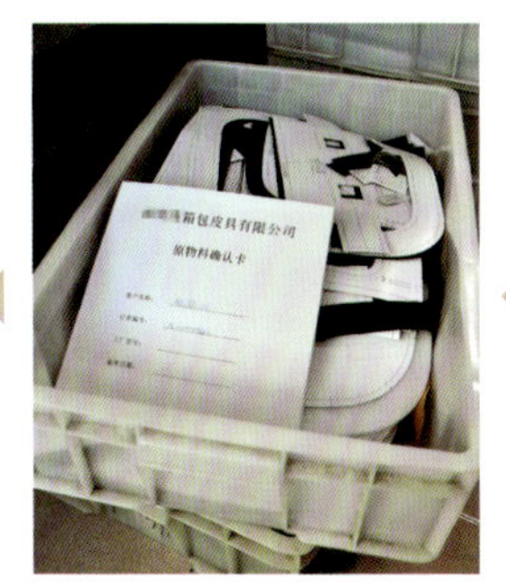
开料及相关准备

开始制作

女包设计开发案例

1 女包的分类

女包按照外形款式来分，有定型包、半定型包和休闲包（不定型包）。休闲包被广泛应用于女包、中性包和男包；半定型包和定型包则在女包设计中更为常见。

定型包

包内不塞填充物，陈列到货架上保持站立。

定型包比较实用和典雅，风格上凸显职业女性的干练气质，优雅大方，配职业装，比较适合在工作的场合使用。由于牛皮、羊皮等皮质特性比较柔软，所以在定型包的加工过程中很少使用，大部分定型包由高档中等硬度 PU 皮制成，不用管从哪个角度看，都呈现出相当完美的立体线条，显得非常有范儿。

半定型包

包内不用塞满填充物，陈列到货架上可以保持站立。

包部分位置很硬（多为底部），别的位置不硬，不装东西的话会呈现自然塌陷。

半定型包包身可塑性强，可装更多的东西，并且所装物品的形状更宽泛，另外因其包身自然塌陷，与时装搭配，能塑造出更丰富的造型。

休闲包

包内务必塞满填充物，陈列到货架上才能保持站立。

目前市面上流行的休闲包，主要分为斜挎包、手提包、单肩包、两用斜挎包、双肩背包、腰包、胸包等。休闲包用料一般是尼龙或牛津布，帆布也使用得比较多。制作休闲包的材质有很多种，有天然皮革、合成皮革、进口 PU、国产 PU、塑胶、布类、动物毛皮、草编等。

在用途上，包袋包括日常生活包、时装包、宴会包、钱包、公文包、电脑包等。

根据使用方式分类，日常生活女包类型则多为背包（包括单肩、双肩和斜挎包）、手提包（或加设长肩带）、手袋（外形多变，可以有扇形、圆形、三角形等形状）、化妆包、母婴包、休闲郊游包、桶包、钱包等。

女包的分类

2 女包的结构

包体结构与部件分类

（1）外部部件

主要包括了前后幅、横头、包底、盖头等大件的部件；其次还有小袋盖、插袢、钎舌、提把、把托、外袋、耳仔等小部件。

（2）内部部件

衬里、内袋、隔扇等。

（3）辅料部件

1）硬质辅料部件：使包袋牢固，撑起包袋的造型。如硬纸板和聚氯乙烯塑料。

2）软质辅料部件：增加丰满度，改善手感。如泡沫、海绵、棉花、无纺布等。

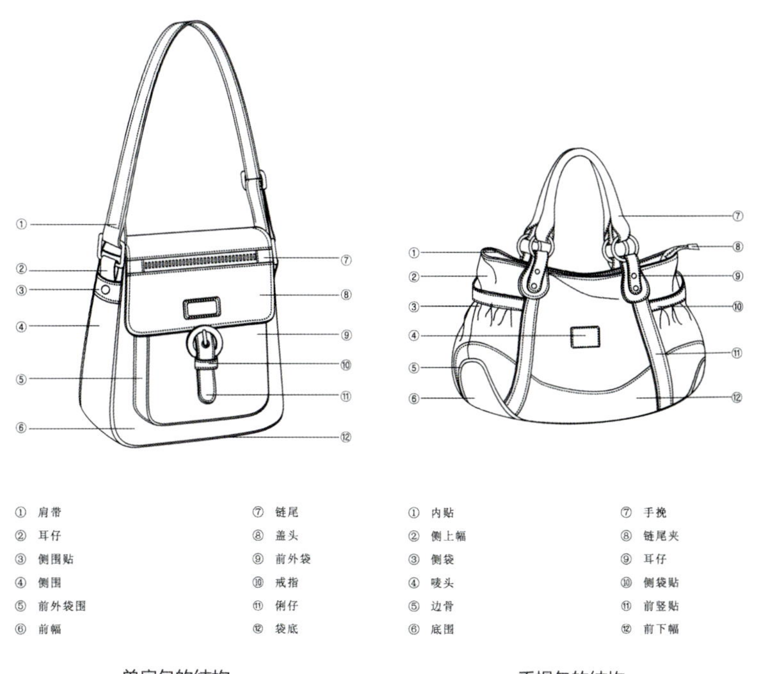

单肩包的结构

手提包的结构

打开方式

架子口式

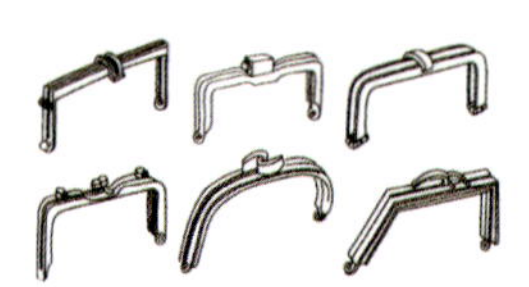

架子口是用在女包中的一种常见的开关装置，结构比较复杂，口槽的断面形状多变，有圆形的、方形的、三角形的、椭圆形等，封口的装置有锁头环式，也有类似盖锁式等多种多样。

敞口式

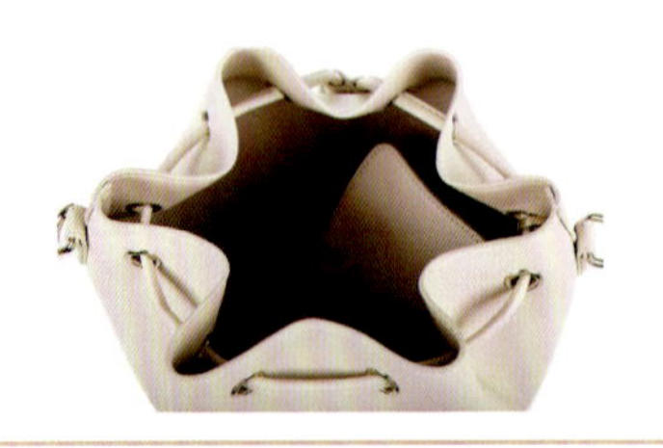

有磁性吸扣或者挂钩的包也算是敞口包

半敞口式

半敞口式包括舌式或绳式的开口方式

这种开口方式方便实用，但是缺少封闭性，给人感觉安全性略低

拉链式

直接固定在包体上口的拉链

借助各式各样的链贴固定，这可以形成一定的宽度并增加包体的容积。

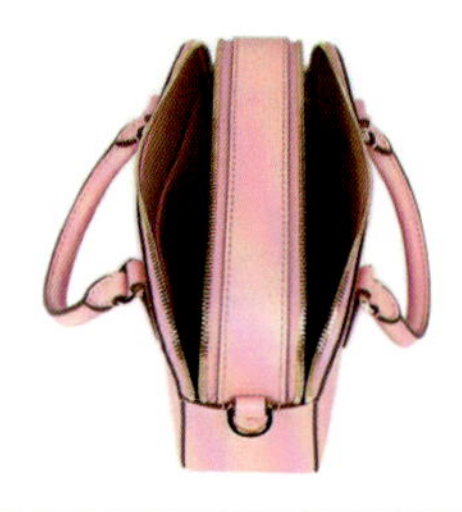

与上部横头连接的拉链

包盖式

单独设计下料缝合在后扇面上部

从后扇面直接引出

包盖在扇面下 1/3 为长盖

包盖在扇面高 1/3 ~ 2/3 处为中盖

只盖包高 1/3 为短盖

不对称的包盖

3 设计定位

本次女包开发任务包括妈咪包、手挽单肩包和斜挎单肩包。结合某企业（品牌）自身女包产品的风格特点，确定以下设计定位：

主面料	真皮（头层皮）
消费群体	25～40岁，具有时尚品位，追求独立个性的都市女性。她们关注产品的实用性，同时也注重产品的装饰性与品质感，追求时尚，对服装配饰的搭配有独特见解。
基本思路	在通勤女包的设计基础上，紧随流行趋势，加入个性化的元素，使包包能够彰显出都市女性的独立个性。

4 市场调研

针对2015年广交会女包产品，从款式造型、色彩、材质与元素等方面进行市场调研和走势分析。

款式造型分析

竖款单肩／斜挎包

有几款竖款的女装挎包出现在2015年广交会。女挎包的廓形逐渐演变成长而窄，以偏复古风的形式呈现，相信这会是之后女包发展的趋势之一。

竖款手提包

这像是公文包与手提包结合的廓形，这种女包给人带来更加干练、简约的感觉。2015年广交会的这几款包，有手提包与水桶包结合的、有手提包与斜挎包结合的，相信单手挽手提的这一元素将会被更好地运用。

妈咪包

时尚百搭的妈咪包在2015年广交会上大量地出现，配色以比较柔和的色彩为主。装饰不同的小配件，袋口与手挽的设计、五金的选用不同，也能给廓形相似的妈咪包带来各种不同的特色。

手拿包 / 钱包

这几款的手拿包大部分是选用黑、白（米白）色的皮料，配以夸张或较为明亮的五金件进行点缀装饰。

色彩分析

橘色系

橘色系可以说是这一季在色盘上最为火热的色系，展会上大量出现，配合不同的包型有不同的味道，适合不同年龄层的消费者选择。

棕色系

20世纪70年代复古风紧握2015年春夏配饰市场命脉。早春新品多为采用亲肤面料的精致款式，比如羊毛或是毛毡材质的软呢帽以及柔软的绒面革包包，颜色多为棕色色调。

浅粉色系

春季色调迎来了薄荷绿和芭比粉的加入，粉嫩的色调配合简约的包型，耐看又时尚。

蓝绿色系

2015年春夏，生动鲜艳的色彩设计成为手提包的主流趋势，如钴蓝色、浅绿色，彩色包包为设计师和大众市场广泛采用，将是足以延续到夏日新品系列的必备单品。

材质与元素分析

动物纹皮革

动物皮纹理的皮革使用经久不衰、夸张的蛇皮纹、鳄鱼纹与纯色的皮革搭配，在 2015 年广交会的女包产品中也是常见。

激光切割 / 印花布料

激光切割表面再度出现在 2015 年春夏服饰和配饰中，还有印花布料、皮革等材质搭配使用，在 2015 年的女包运用中也相当流行。

颜色拼接 / 材质拼接

2015 年广交会的女包中，出现了大量由不同颜色或不同材质拼接的产品。拼接的运用，丰富了女包的造型语言。

流苏

流苏元素在 2015 年开始涌现，多数以小装饰件的形式与女包搭配，相信流苏也会是 2016 年的流行元素，并以更多样的形式呈现。

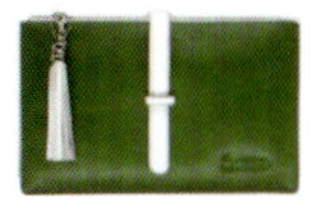

装饰拉链

装饰性拉链在 2015 年广交会的产品上时有出现，使产品更有亮点；但拉链装饰的使用需要考虑得当，否则会略显累赘。

以上对 2015 年广交会女包产品的走势进行了分析，同时对消费人群的定位更加明确。研究得出，竖款包型、公文手提包型和妈咪包开始占据市场，流苏、拼接等复古的细节元素也开始涌现。这些产品走势总结有助于接下来的具体方案设计。

5 流行趋势

款式造型趋势

风景画形状的手提包

这一休闲款的手提包是从 2015 年的款式发展过来的，在本季呈现出的廓形更加清爽、时髦，保留住正式感的同时也很适合日常生活的使用。包包形状和风景画形状相结合，更宽、更浅。

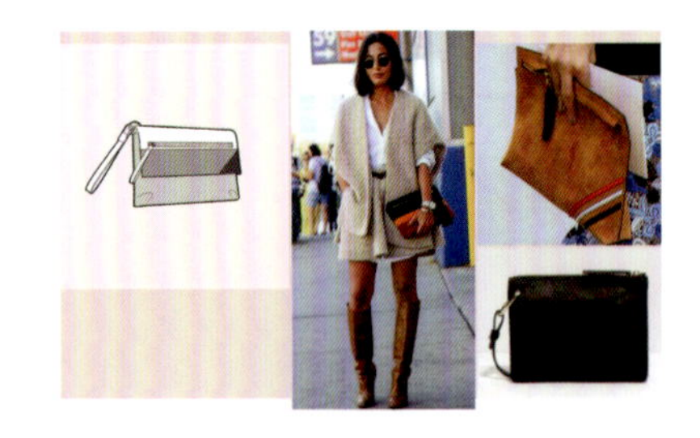

拼接手拿包

手拿包从 2015 年开始成为流行款式，从男公文包外形中汲取灵感。拼接造型、可拆卸的手挽包带，使包的整体廓形清爽摩登。款式上比起前几季将会变得更宽、更浅。

画像形状挎包

竖款挎包在这几季席卷而来，这一廓形将会是 2017—2018 年秋冬潮流的主打。 这款包包细节上去掉了多余的装饰，呈现出极简主义风格，画像式的廓形长而窄。

色彩趋势

活力彩色

各种充满生机活力的亮色在本季各种发布会上大放异彩。帝王紫、日光黄、亮紫红色和钴蓝色，异国情调压纹工艺、宽大的廓形激发了前卫的潮流趋势。

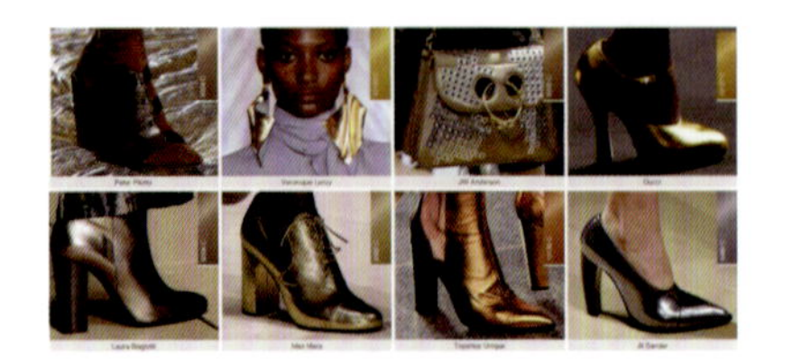

暖色调金属色

暖色调在银色和金色几度流行之后开始在金属色系中脱颖而出。这种色调给人带来的简约时髦感，颇具商业吸引力，通过各种金属材质混合装饰，让单品呈现出更加前卫的廓形。

硬朗黑色

黑色不仅充满了中性气质，同时也具有强大魅力，黑色的单品可以同时兼具女性的阴柔、感性特质与男性的干练、简洁，冷艳的暗黑色调搭配帅气的极简剪裁，幻化为性感独立的未来女战士。

细节元素应用趋势

转换包带

百搭、多功能性推动了包带细节的创新设计。双肩与手提之间的巧妙转换，搭配简单的款式，给人带来简约而不简单的时尚气质。肩带转换的技能还能通过更多的方式灵活呈现出来。 应用：工装包、休闲单肩包、转换型双肩包。

环形带扣

简约的大型金属件装饰成为新潮流趋势。光亮的金属件搭配磨砂绒面革或者光滑皮革，散发出摩登的魅力，彰显大气。应用：时尚腰带、皮革饰品、时尚包包。

皮革链条

传统的金属链条被皮革链条呈现的后复古风代替，脱离了金属的工业感进入皮革的工艺感。应用：单肩包带、提把、皮带、手链。

流苏

流苏的材质开始变得多样化，复合毛毡棉质或天然纤维质都可以做成短短的流苏（受面料柔软度影响，不同的材质适宜流苏的做法也不同）。成簇长流苏、不规则的流苏、印花流苏和新颖的可拆卸贴片流苏等也为常规的流苏做法提供了新的尝试。

材质运用趋势

基础动物纹理

动物纹理如蛇纹将不是在大面积上使用，边缘的局部小面积使用是动物纹理搭配的大势所趋。要让消费者记住手袋本身独特的廓形，而不是皮料上的纹理。

银河系

未来主义的设计灵感也是本季度单品一个炫酷的主题，由对外太空的关注迸发而出。加入高光涂层、压纹、星空色调、棱角纹理等元素，结合未来主义特色的高科技工艺，在皮革的色彩搭配图案绘制中融入了人们对宇宙银河系的想象，描绘出银河系壮丽的景观。

6 选取面料及配件

半树膏牛皮

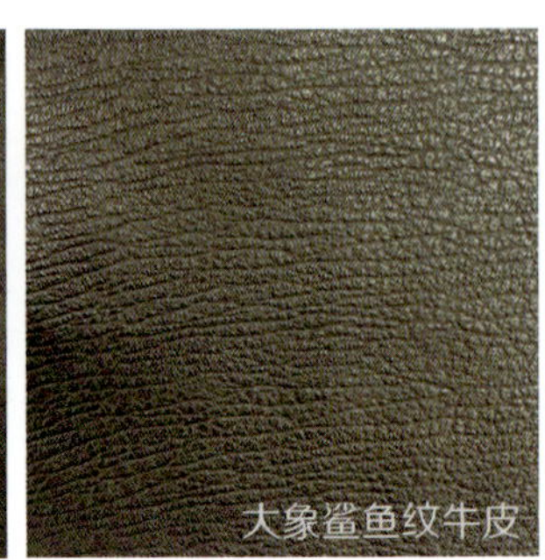

大象鲨鱼纹牛皮

根据前期调研分析和设计趋势，黑色是时尚界在搭配使用上永不过时的经典，不同面料或纹理的拼接在女包设计的应用上也是屡见不鲜。走访材料市场之后，在设计初期决定以百搭酷黑为主色调，选取半树膏牛皮、鲨鱼纹牛皮两种主面料，肩带则选用了编织皮革链条的材质。采取面料拼接的设计手法，低调地展现女性硬朗的个性。

7 草图绘制

选取妈咪包（容量大，适合日常逛街购物）、定型手提包（适合白领上班使用）、竖款挎包（容量偏小，适合日常逛街购物）这三款包型。先开始妈咪包的方案草图构思，再将其设计元素延伸至其他两款包型。

妈咪包

前期草图方案的整体廓形偏方，后期改变了侧围与前后幅的连接搭位方式。

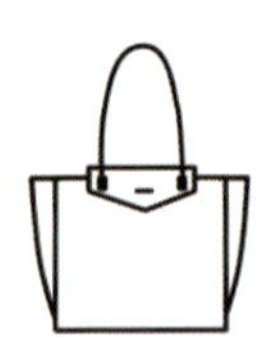

定型手提包

从妈咪包的造型延伸而来，将手挽横头放大，大身造型变化为梯形，一次次调整比例以求更舒适耐看。

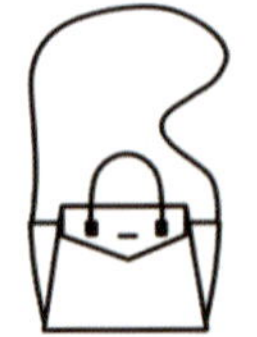

竖款挎包

从方形大身改为长形，类似水桶包的造型，并把单独的两条长肩带改为一条肩带，采用贯穿式的结构达到单肩和手提两用的效果。

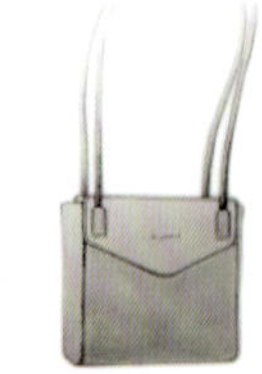

方案修改到此，整个系列的包型比例也大致确定下来，根据选取的面料绘制电脑效果图。

8 草样验证与方案评审修改

包袋设计通过草图和效果图只能表达出其比例与造型的美感，并无法完全确定其结构细节以及设计方案的可行性，因此在打样前可以通过制作草样来进行初步验证。通过简单的等比例的草样制作检查各个部件是否与设想一致，符合预期的设计效果。

草样制作

根据初步确定的三个包包的尺寸，开始分别绘制正格。从横头开始绘制，横头决定了这个包型的高度和宽度，然后再对围画出前后幅和包底，并开料进行草样制作。

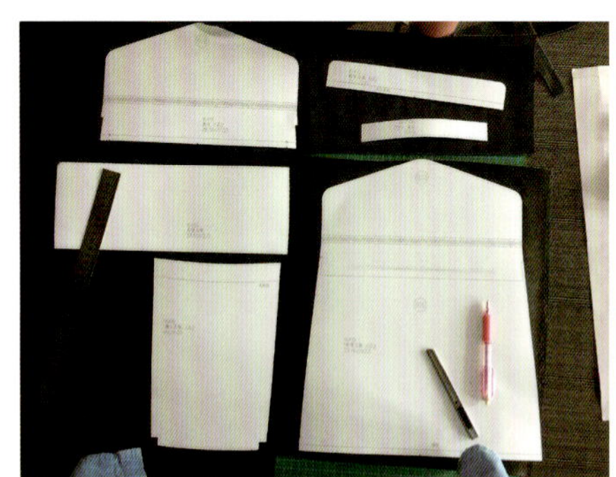

妈咪包草样

手挽包草样

评审及修改

（1）评审意见

做出草样之后，进行内部评审：

1）将妈咪包与手挽包再改浅改宽，做出横身的感觉；

2）修改手挽包与斜挎包的盖头结构，把与前幅一体的设计改为两块拼合，只将顶部缝合的结构（如下图），以保持三个包结构的统一性，强化系列感，并使整体更简洁硬朗。

绘制纸格正格（即表示包包制作完成后正投影图的纸格），制作草样后再次对方案进行细节的修改。

（2）修改内容

1）大胆采用“材质运用趋势”中具有银河系元素的二层压纹牛皮，以新的材质及其较强的视觉冲击力试探市场接受度，根据后续的市场反映再做决策。

[11]

2）采用编织皮肩带，即“皮革链条”，脱离金属材质的工业感，使其具有皮革材质的工艺感，这种朴素的材质能更好地凸显主面料的特色。

[12]

3）增加配饰，运用前面提到的流苏元素尽量为产品增添活力，使之视觉上更加丰富。

[13]

4）制作首饰做配搭，运用前面提到的环形带扣，增强产品展示效果。

5）功能上则应用上面提到的单肩带贯穿式结构的多功能肩带。

（3）市场采购

赴广州皮具市场再次进行材料的采购，包括选择五金与配线。综合考虑成本、时间与材料库存等因素，最终完成了编织皮肩带、头层油蜡牛皮和银河系元素的二层压纹皮的采购。

9 电脑出格

确定了最终的设计方案和外形尺寸，纸格正格也基本确定，接下来就是完成整套纸格的绘制。在绘制纸格的过程中要注意以下几个方面的问题：

（1）托料与辅料。一个手袋的整体廓形和包体的手感都是需要通过托料来实现的，大身使用不同的辅料，做出来的包型也会呈现不一样的感觉。根据最初设想的效果和结构，参考一些常见的应用案例，在纸格绘制时进行确定和标注。

（2）小部件。比如耳仔、链贴、拉片、链尾贴等部件的常规制作方法需要了解和掌握。

（3）铲皮工艺。用卡表量出托料与皮料的总厚度，结合铲皮工艺，计算出每个边要铲的厚度与宽度，并在纸格中相应位置标注出来。

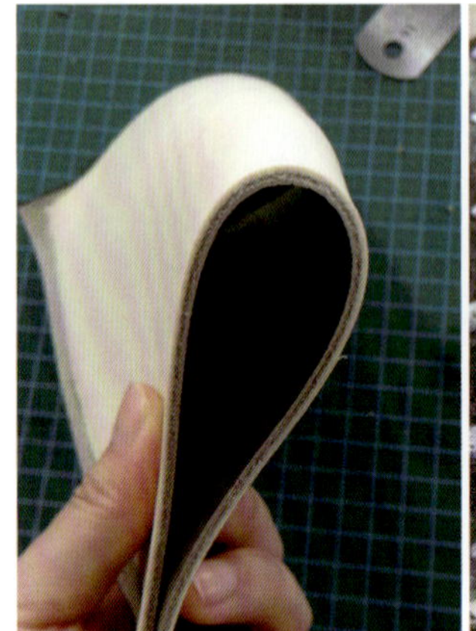

10 初次打样

绘制好纸格并由专门的纸格裁切机自动输出整套纸格后，准备好相应的材料进行初次打样。对于初学者来说，由于缺乏一些实际经验的积累，在纸格的专业性以及工艺细节的表述方面肯定会存在不足，也会遇到一些意料不到的问题，因此要在版房紧跟整个制作流程，与版房师傅充分沟通，以顺利完成样版制作。

工艺流程

（a）贴好托料

（b）开料

（c）铲皮

（d）局部先油边

(e) 台面制作（装五金、粘胶水）

(f) DY 车（同步车）缝制

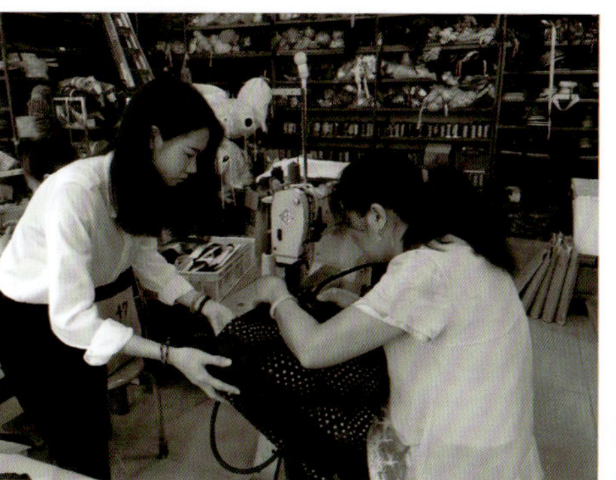

(g) 高车缝制

(h) 整体合油边

缝制过程

本系列三个女包整体结构都是大同小异，缝制的步骤也是基本相同：分别将大身、内里、横头、盖头的部件缝合完成，再将大身与大身里布贴合，拼合大身与横头，最后缝上盖头，一起合油边（如下图）。

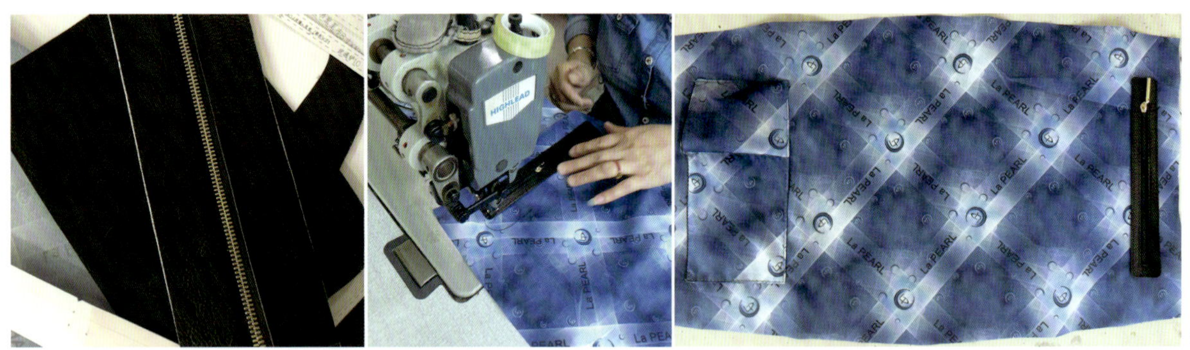

(a) 缝制内部结构

(b) 大身托料，手挽补强（补强采用里布，连同手挽贴一起车线）

(c) 前后幅与包底的搭位方式缝合

最终实物

11 存在的问题

初次打样的过程中频频有细节问题出现，原因是对制作工艺还不够熟悉。

（1）内里的尺寸要相比外壳的尺寸小一点、妈咪包手挽的皮贴尺寸不够大、手挽包的皮贴预留位置不够等，这些微小的差异都直接影响到包型的美感，并增加了制作的难度。

（2）三个包包的结构都是最后整体合油边，但因为前后幅使用的银河系压纹皮有凹凸纹理，导致有的边缘不平整。4 mm 的油边厚度对油边技术的要求较高，特别是斜挎包的盖头部分，反复油几次才能完成。

（3）台面师傅在制作过程中提出了修改建议，并与资深设计师沟通后将以上细节调整到位。

当解决了所有的问题，公司内部或者客户确认最终样版后，就可以进入批量生产环节了。

本案例实践者感言

作为一个初学者，对箱包皮具行业的产品了解并不够深入，在设计方面对包型比例的掌握能力不够强，也缺乏对女包品质高低的辨别能力。在两个月的实习期间，设计总监教了一些关于箱包皮具设计的方法与制作工艺。但是要真真切切地提高设计水平，还是需要不断地去尝试与积累经验。有了一点小基础，在设计的过程中要不断向设计师征求修改意见，并且自己多看看其他大牌的产品，学习其比例与搭配。实践中要多研究自己绘制的草图并修改，有时候一个细节的改变，就会给整个包包带来不一样的气质。实物样版也需要耐心地不断修改，才能一步步更靠近自己想要达到的效果。

参考文献

[1] 叶兰辉 . 包袋出格高级教程 [M]. 广州：华南理工大学出版社，2014.

[2] 王立新 . 箱包设计与制作工艺 [M]. 北京：中国轻工业出版社，2014.

[3] POP 服装趋势网　http://www.pop-fashion.com

工作室制教学探索

研究—模仿—创造

理论—实践—拓展

第二篇
创造时尚

工作室制教学探索

广州美术学院工业设计学院
服饰配件设计工作室

1 工作室成立背景

服饰配件专业与影视、戏剧、时尚产业紧密相连，其产品名目繁多，包括：箱包、帽子、围巾、皮带、眼镜、首饰、鞋履等，是除服装之外，塑造人物形象的重要产品组成。配饰不仅是锦上添花的小物件，也代表着一个时代、一种风格，从某种意义上可以说配饰打造了时尚。

配饰设计与制造是一个古老的行业，传统材料和工艺仍然占有重要地位，经年累月，随着文化、艺术、观念、生活方式的改变，尤其是随着现代科技的发展，配饰越来越成为跨专业的综合产物。珠三角地区一度被称为“世界工厂”，其中时尚加工业占有很大比例，随着近年来全球制造业格局的改变，外部市场压缩，生产成本提高，产业结构调整面临巨大压力。改善用工素质，推进产业技术提升和自主创新能力，实现从“中国制造”到“中国创造”的转变，将有助于提升珠三角产业的自我发展能力和竞争力。设计教育应在这一变革中承担培养人才、输送人才的重要责任。

广州美术学院是华南地区最早开展工业设计教育，并在设计研究与实践方面具有广泛影响力的高等院校与创新人才培养基地，2013年广州美术学院工业设计学院创立服饰配件设计工作室，以箱包皮具设计为教学重点，兼顾服装周边时尚产品，培养具有美学修养及敏锐的时尚触觉，具有综合设计能力及专业技能的创新设计人才。工作室从二年级产品板块及服装染织板块中按比例招收 15 名学生，在生源知识架构上奠定了专业合作创新的基础，成为工作室教学的基调；工作室的教学框架围绕“艺术修养”“设计思维”“动手能力”“社会实践”几个方面展开，理论与技能相结合，通过设计实践将所学知识融会贯通。在现代工业化高速发展的今天，发掘、保护传统文化与技艺，并通过现代设计使传统在创新中得到传承，是设计领域备受重视的课题；此外，环保、可持续设计是全球共同关注的主题。遗憾的是时尚界往往与这种理念有很大的距离，甚至背道而驰。什么是有意义的设计？什么是有价值的设计？保护、传承与创新，环保与可持续，尊重与关怀，这些理念始终贯穿于工作室的教学中。

2 工作室制教学框架与思路

研究 ▶ 模仿 ▶ 创造

(1)工艺 & 材料		
手袋工艺与生产流程	皮具工艺与创意设计	综合材料与创意设计
以包袋为学习和设计对象，理论与动手训练相结合，掌握行业内常规的材料特性、工艺处理技法、制作程序，达到理想的艺术设计效果。掌握灵活运用材料和技法的综合造型及表达能力，进而训练创新思维及设计方法，为后续的实践课题和毕业创作奠定基础。	了解皮具以及皮具工艺在时尚历史中的发展和风格概况；理论与动手训练相结合，掌握皮具材料特性、基本工艺处理技法、制作程序；拓展时尚领域中新型皮革的应用，通过结合其他材料与工艺展开探索和实验，达到理想的艺术设计效果；开拓思维，培养创新能力，为后续的实践课题和毕业创作奠定基础。	以综合材料为学习和设计对象，运用所掌握的工艺技法，结合自身专业背景和生活经验，尝试材料与工艺的创新与综合应用；打破惯性思维，培养探索新材料、新技术的设计创新能力，为后续的实践课题和毕业创作起到铺垫的作用。

（2）历史研究 & 风格设计

历史研究	风格设计
通过研究不同历史时期和地域的文化、生活、艺术、设计，厘清线索，建立清晰准确的史论和专业框架；通过研究著名人物、经典品牌与案例，丰富个人的知识储备；通过大量的阅读与资料整理，提升艺术品位，开拓设计思维。为后续的一系列专题设计课程及毕业创作做好准备。	在历史研究基础上展开的综合设计专题，按照“研究—模仿—创造”的训练和设计方法：掌握风格重要特征，提取风格要素，进行模仿 - 创新设计，逐层递进，完成系列创作；理论与实践相结合，掌握产品从概念到成型的全过程，提高学生的综合素养和创造性思维，培养考生独立思考的能力，发现问题、解决问题的能力。 在课堂讲授基础上，学生经过大量阅读、资料搜集与整理后的头脑风暴，逐渐形成清晰的设计方案。作为辅助，在课题中组织市场考察、参观展览、讲座等。

理论 ▸ 实践 ▸ 拓展

品牌策划 & 品牌推广	专题设计	毕业设计 & 毕业论文
了解时尚产业的基本运作体系及其规律，品牌的形成与生存，品牌与市场的关系，时尚行业的产品如何进入市场环节，是专业设计必须掌握的基础和出发点。培养学生从设计到市场，从国内市场到国际市场，从产品市场到品牌市场的专业适应能力与应变能力，学习如何在快速变化的市场竞争格局中，在流行的时尚潮流中发掘商机，以设计创造需求，赢得市场。	在品牌与市场研习的基础上展开综合实践专题，包括时尚配饰与时尚手袋。自主策划建立品牌，逐层递进，完成品牌内给定项目并符合流行趋势。通过完整的项目训练，培养学生独立思考的能力，发现问题、解决问题的能力，团队合作精神，使学生成为拥有全面职业素养和观念的时尚行业人才。 理论与实践相结合原则，以个人或小组为单位，结合项目设计、主题工作坊、设计竞赛等方式完成专题内容。	该课题是学生四年所学知识与能力的综合表现，通过项目的完整演练和展示，成为具有个人魅力的综合性艺术 / 设计人才。 （1）选题框架与研究方向：从三、四年级实践专题中抽取优秀的项目延展和深化。 （2）概念与实验： 实验性的概念化作品，包含从概念化作品到引入产品的可行性分析报告。

3 工作室培养目标

服饰配件设计工作室的课程构架紧密联系，层层递进，每个阶段所达成的目标如下：

“工艺与材料”阶段

“自雇职业者”——

拥有美学素养、理论知识、专业技能，能够独立从业或创业。

“历史研究与风格设计”阶段

设计师——

拥有美学与专业的综合素质、并具有合作精神，能融入企业设计及生产，充分发挥个人能力并逐渐成为行业专才。

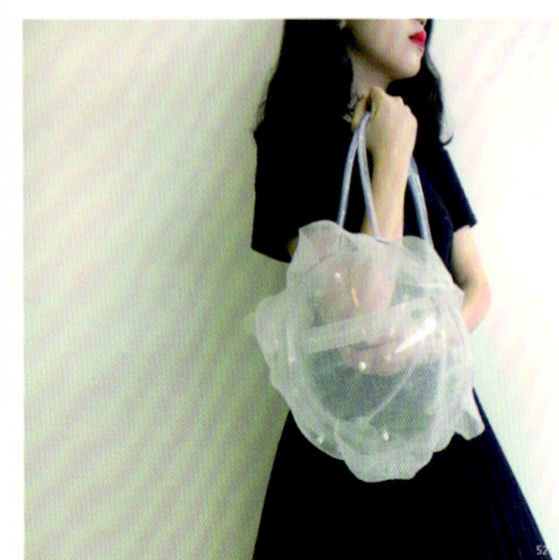

“品牌与专题设计”及“毕业设计”阶段

设计师及设计团队领导者——

具备创新精神和独立思考能力，能带领设计团队进行产品研发、项目策划或组织自主创业。

通过以上阶段目标，面向社会与企业不同层面，培养输出兼具艺术素养和设计逻辑思维的复合型人才，他们具备多层次、跨学科、泛领域合作的综合设计开发能力，能将保护、传承与创新，环保与可持续，尊重与关怀等理念贯穿于个人的职业生涯，继而对社会产生积极的影响力。

研究—模仿—创造

1 工艺与创意设计（一）

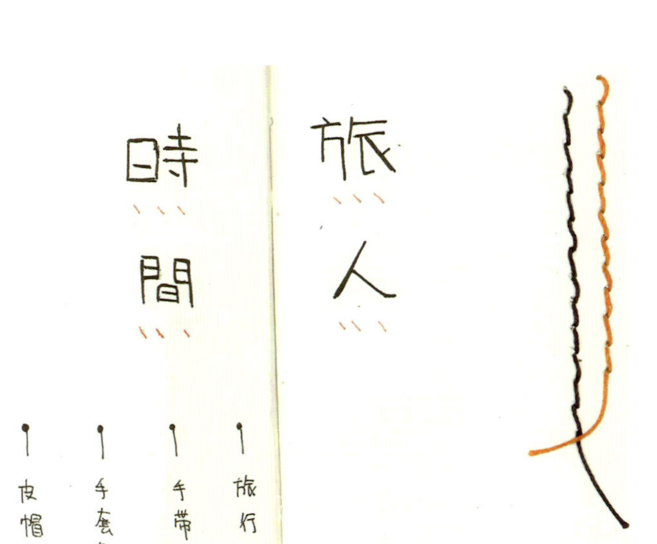

《时间旅人》

作者：谢怡然（2013 级 服饰配件设计工作室）

皮
帽

⑨. 缝合帽沿.(空)
不拉紧. 松一点.

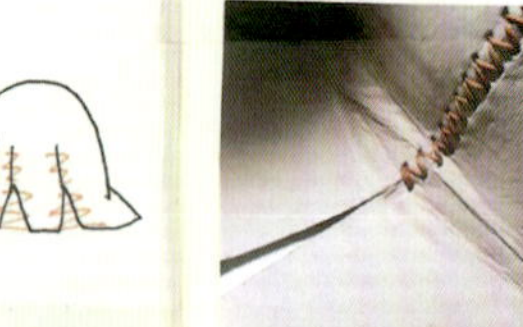

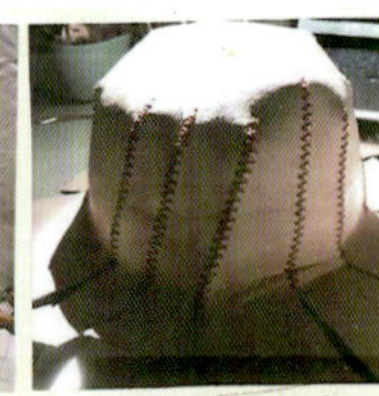

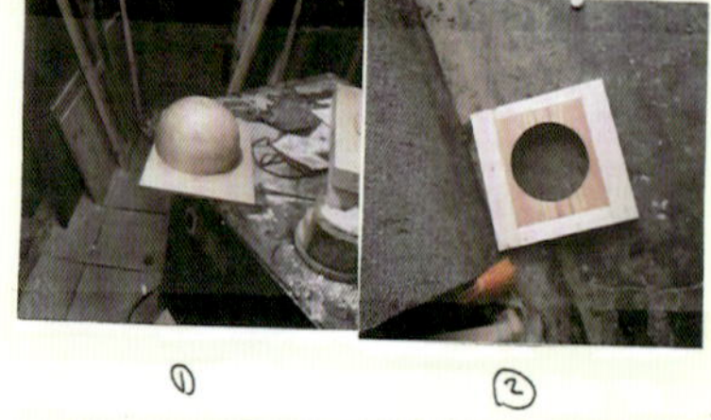

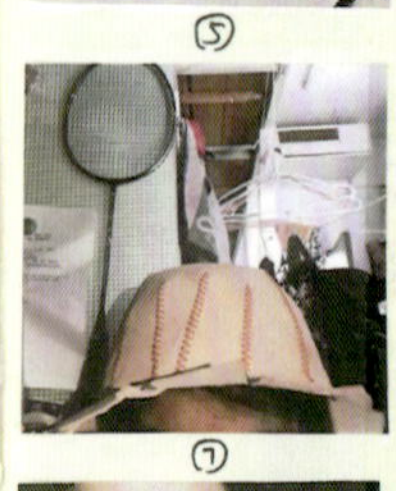

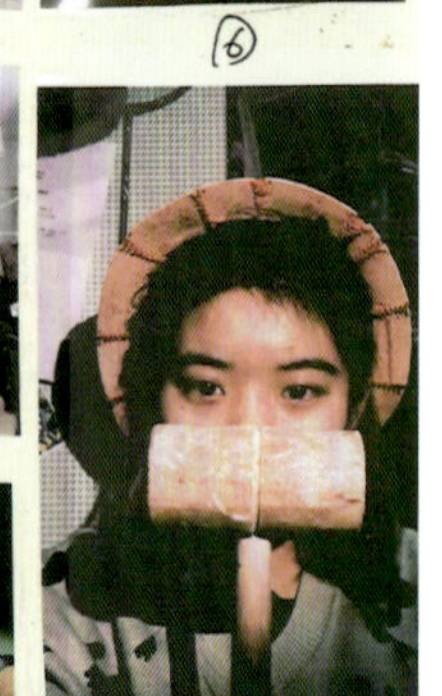

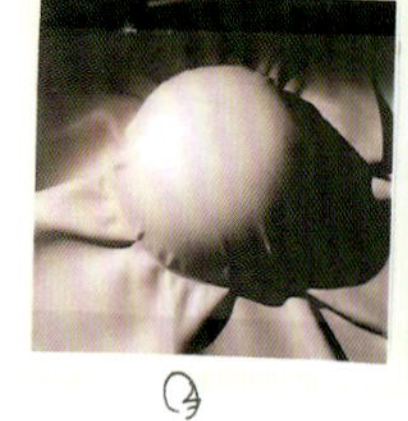

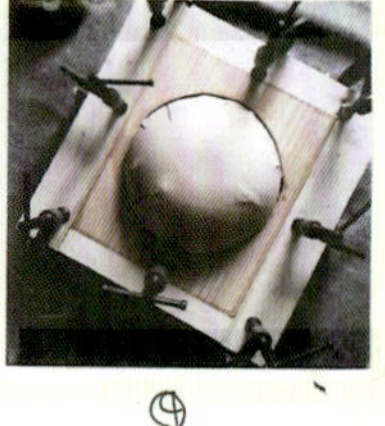

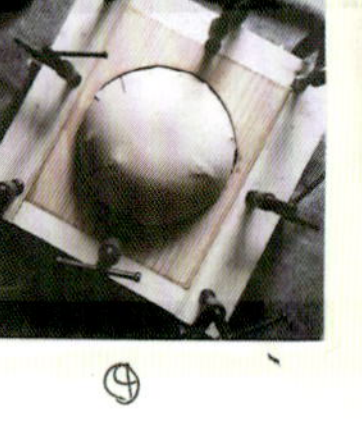

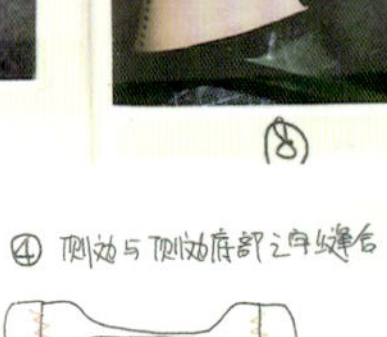

手套
围巾

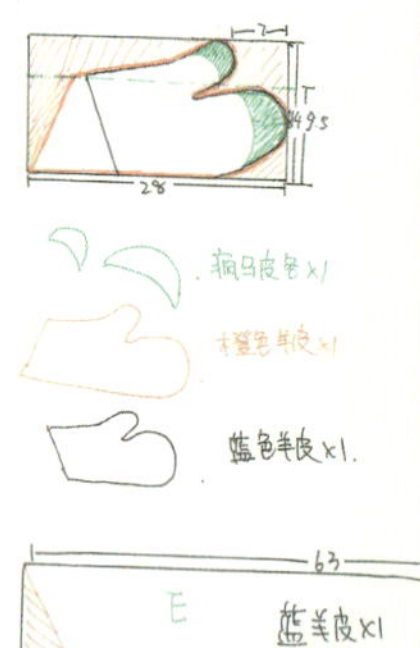
28
蓝羊皮x1
63
蓝羊皮x1

28.5
蓝色羊皮x1

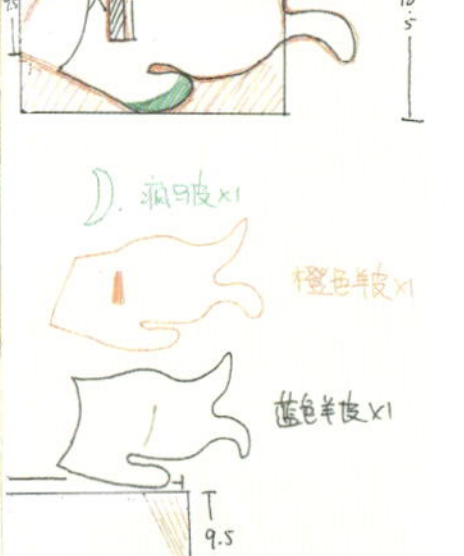
手
带

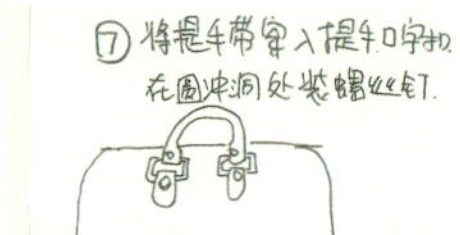
④ 侧边与侧边底部之间缝合

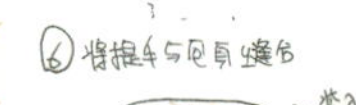
⑤ 缝合提手带

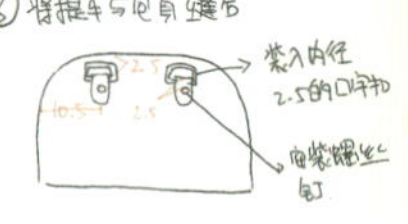
⑥ 将提手与包身缝合

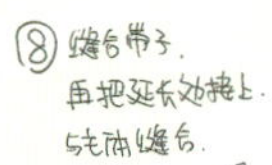
⑦ 将提手带穿入提手口字扣.
在圆冲洞处装螺丝钉.

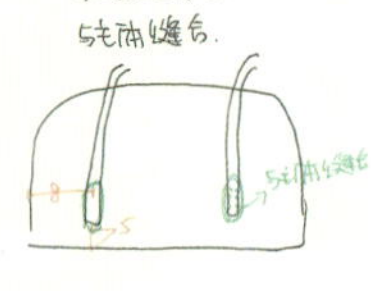
⑧ 缝合带子.
再把延长处接上.
与包体缝合.

总结

常规手法其实不难，皮手工考验的是耐心，有耐心自然就会缝得好看。“工欲善其事，必先利其器”，工具也会影响成品效果。多尝试就会找到最适合的方法，新奇的皮具做法更要勇敢尝试。我缺乏勇气去面对失败品，更缺少耐性在待修改的作品上。要多加练习，多尝试想到的奇怪的灵感。皮具要做得精明才不浪费时间。

点评

最欣赏的是作者经常冒出来的奇奇怪怪的想法，当然想法要有行动才能实现，所以不断尝试最重要，哪怕失败也无妨。做帽子的时候，原以为采用塑型工艺可以一步成型，可最终还是需要开省才能完成，貌似无可逆转的失败，然而作者巧妙地将省道作为装饰的重点——“将错就错”，称得上是聪明的设计。

2 工艺与创意设计（二）

《玻璃心》

作者：李妙仪（2013 级 服饰配件设计工作室）

《竹与皮》

2013 “真皮标志杯”中国箱包设计大赛院校组 铜奖

作者：叶晓敏（2011 级 服饰配件设计工作室）

点评：

三件作品的精彩之处都在于材料碰撞所带来的高反差美感，设计者运用所学的传统皮具工艺，并结合各自专业背景，处理竹与皮，玻璃与皮，刺绣与皮的关系，打破传统皮具行业对材料、工艺、产品等的固有思维模式。成品系列仍然稍显拘谨，未来可以进行更大胆的创作尝试。

《绣立》

作者：李颖文（2013 级 服饰配件设计工作室）

3 综合材料与创意设计

《两用包》

作者：叶晓敏（2011 级 服饰配件设计工作室）

材料选择、置换、处理

容器选择：莲蓬

为什么选择莲蓬？

莲蓬本身装着莲子，是容器一种。

莲蓬的形态各异，造型特别，肌理感强。

置换材料1

材料：黑胶片

工具：热风枪

做法：把黑胶片盖在莲蓬上，用热风枪进行加热软化胶片，让胶片尽量贴合莲蓬，塑出莲蓬的造型。

经验总结：如果在加热莲蓬上方的胶片时，不同时把莲蓬附近的胶片也一起加热，就会容易穿孔或不容易塑形。如果加热太久，胶片也容易穿孔，所以要凭感觉和经验去拿捏加热程度。

成品制作1

1. 把莲蓬的正反两面都用在黑胶片上塑形，先塑有孔那面，再塑另一面，因为，没孔那面只能只能塑形一次，之后它就香消玉殒了。

2. 像1的做法安排好位置后，一共做两次。

3. 清理为作业捐躯的莲蓬。

成型，细节处理

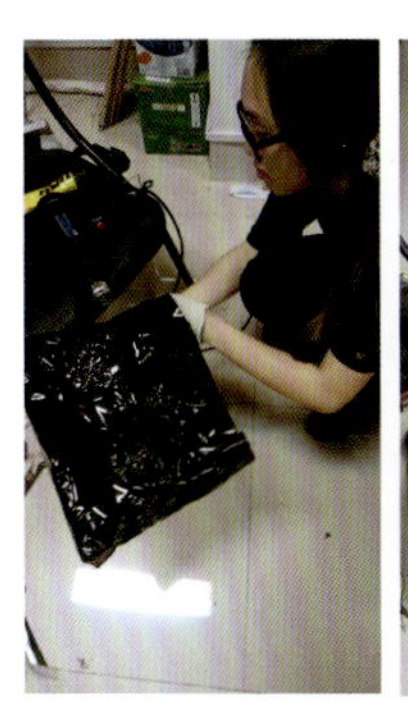

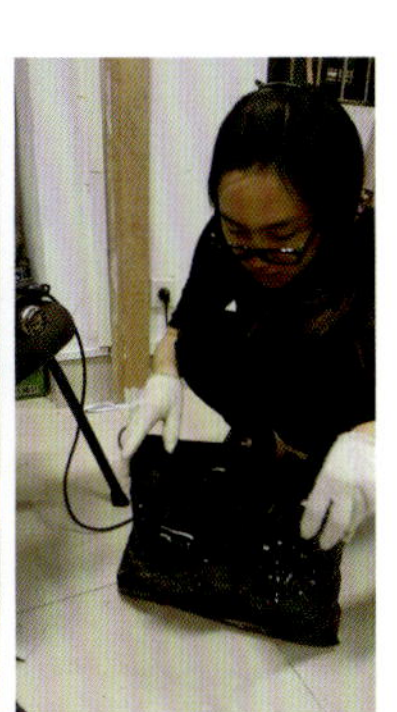

成品制作2

4. 把一整张塑好4个莲蓬形状的黑胶片，进行整理加热塑形。

5. 先中间对折塑形，再封两边的开口，如左图。

6. 大概形状塑好后，再进行微调整理，如把边缘处理圆滑，直到把包包的形状做好。

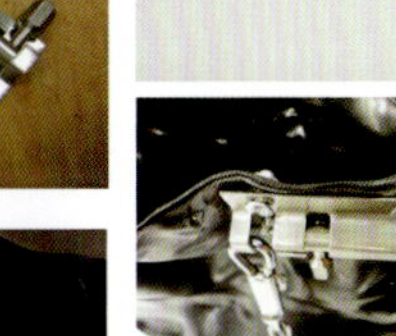
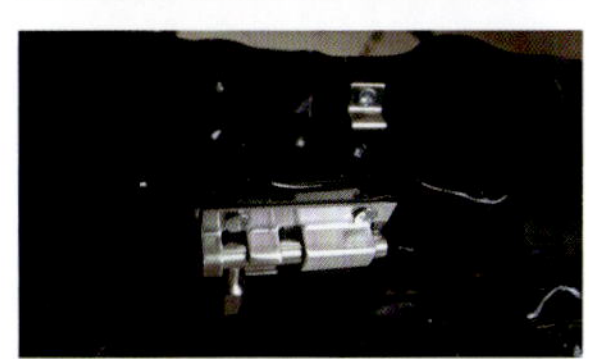

成品制作3

7. 在包包形状做好后，安装上门锁。
8. 门锁原本用作扣子，后来调整后，用作装饰，同时用作链子的挂钩。
9. 安装铁链做提手或背带。
10. 完成。

成品

总结：

这次课程的主题是容器，一开始我对容器的选择都停留在瓶瓶罐罐的阶段……令我没想到的是，莲蓬这个容器最后可以做成其他一系列产品，例如我个人最喜欢的两用包。这次的课程给了我一个新的思考方式，例如，容器是各种各样的。从这个物品延伸发展，可以做成更多意想不到的产品，有可能是另一种意想不到的感觉。

点评：

这个课程更多是带有实验性的，作者在不断“置换”的试验中产生新概念，如此往复，乐在其中。当然作为课程内容，最终需有明确指向的作品落地，但是过程远比结果重要，这也是创作的真正意义吧。

4 历史研究与风格设计

《太空时代》

作者：李妙仪（2013 级 服饰配件设计工作室）

历史研究—风格整理

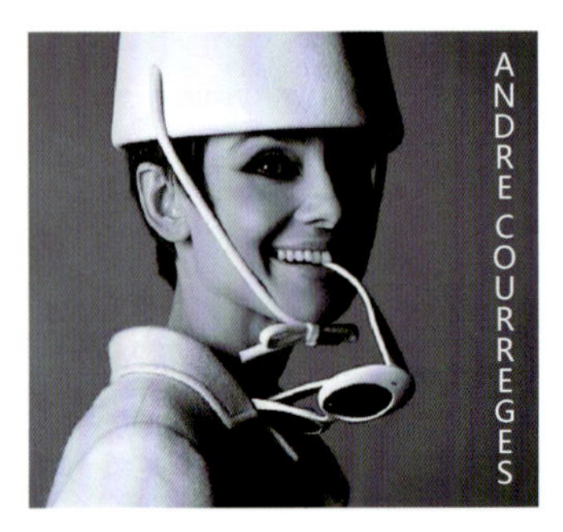

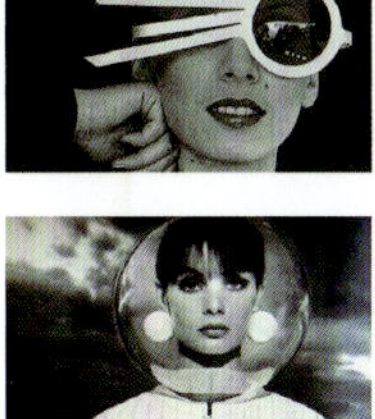

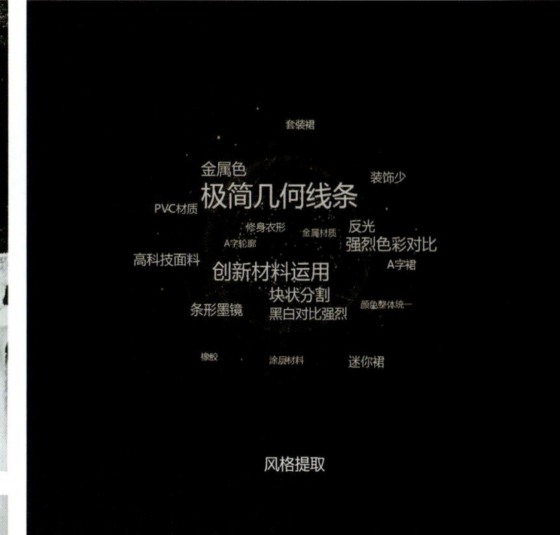

研究目的：风格设计的指引，从造型、结构、色彩、材料、功能等方面尝试创新实验。

设计与制作

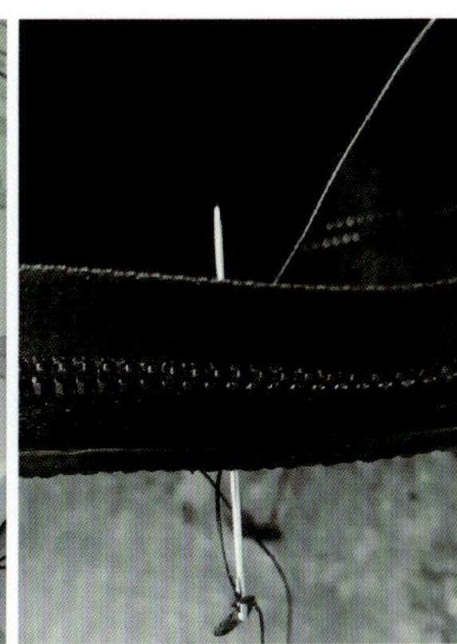

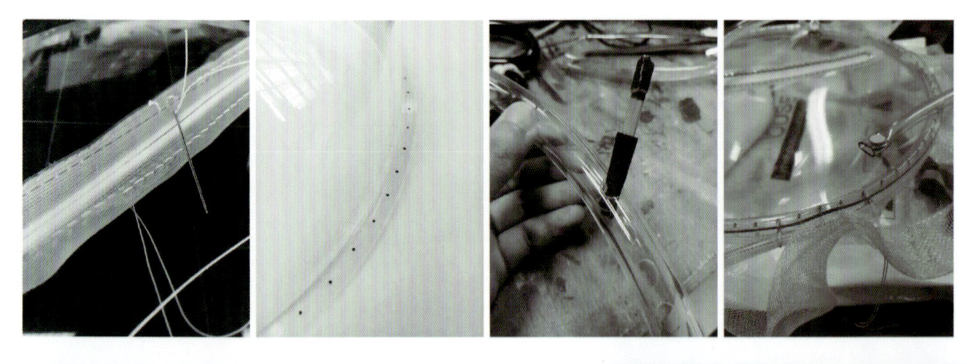

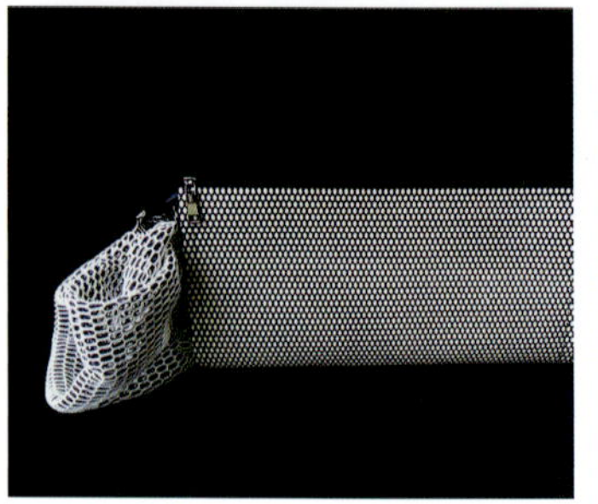

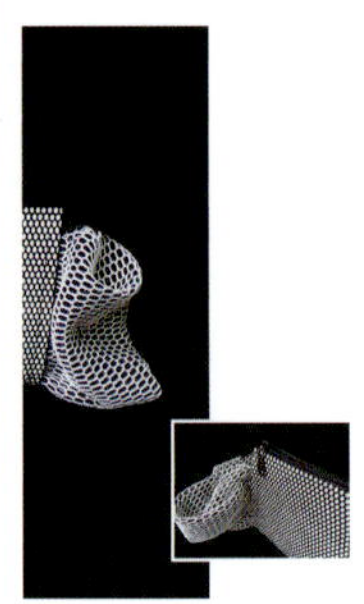

20 世纪 60 年代的太空风格，
造型夸张、大胆前卫，
所以我也延续了这一概念，
这个包包比例失调造型夸张，
而整齐的点纹皮革与扭动的纺织面料形成对比，
但又在颜色上进行统一。
18

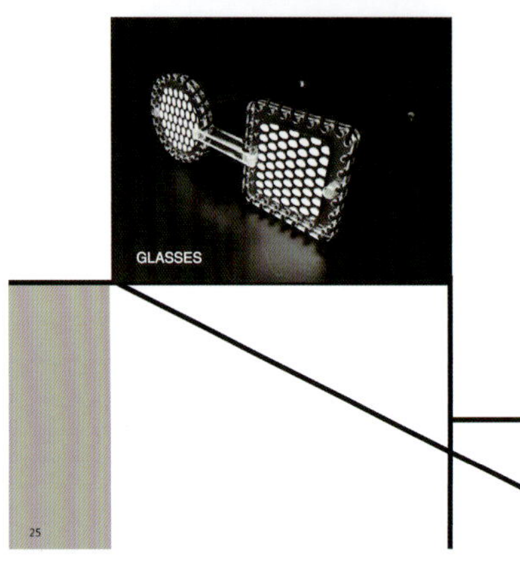
GLASSES
25

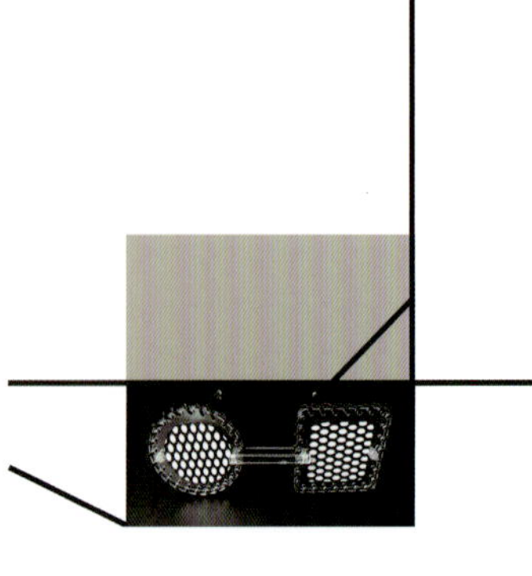
26

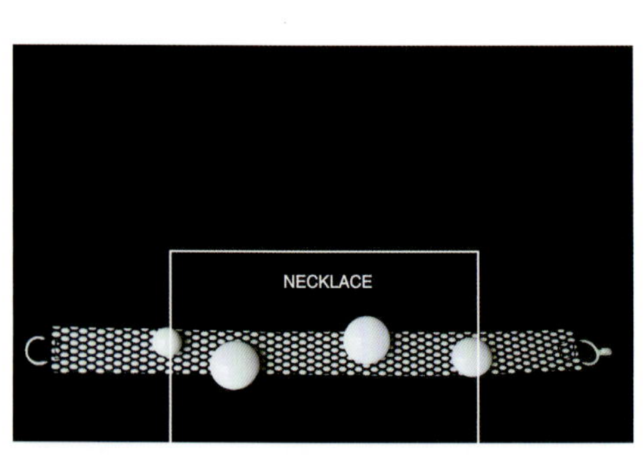
NECKLACE

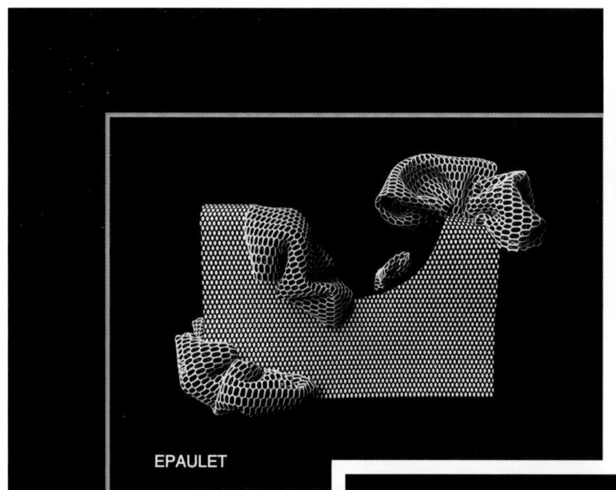

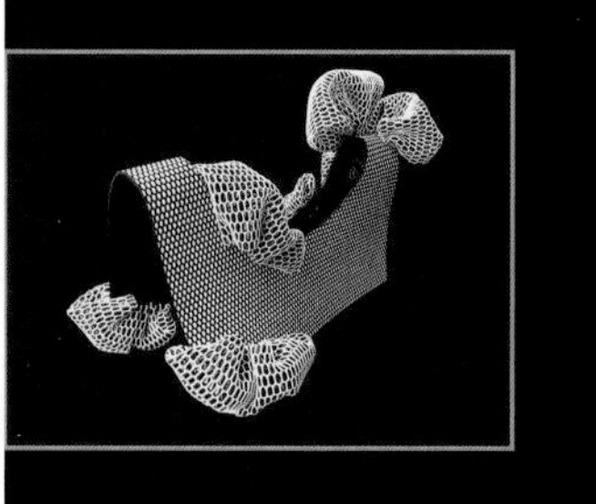

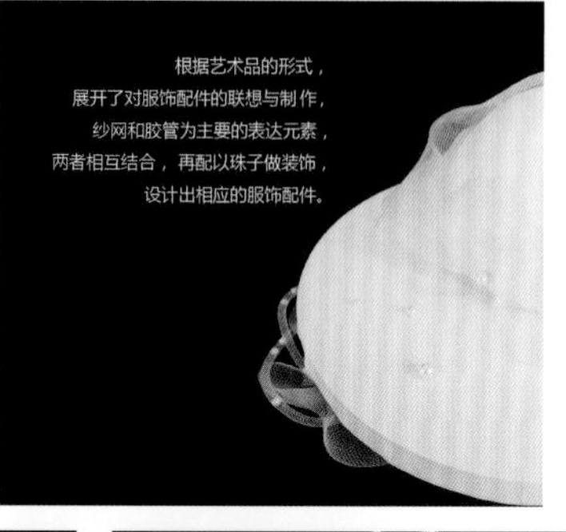

根据艺术品的形式，
展开了对服饰配件的联想与制作，
纱网和胶管为主要的表达元素，
两者相互结合，再配以珠子做装饰，
设计出相应的服饰配件。

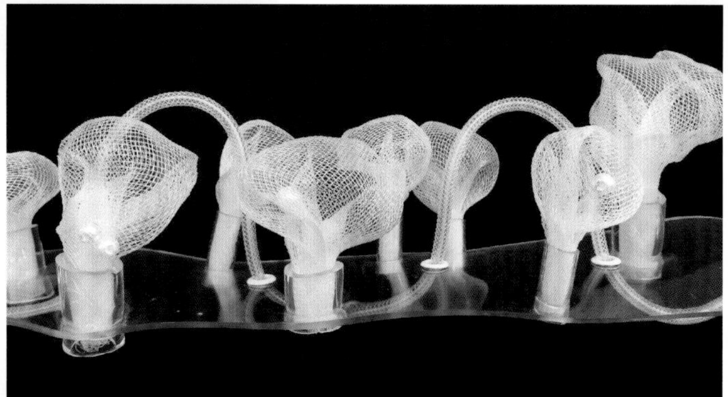

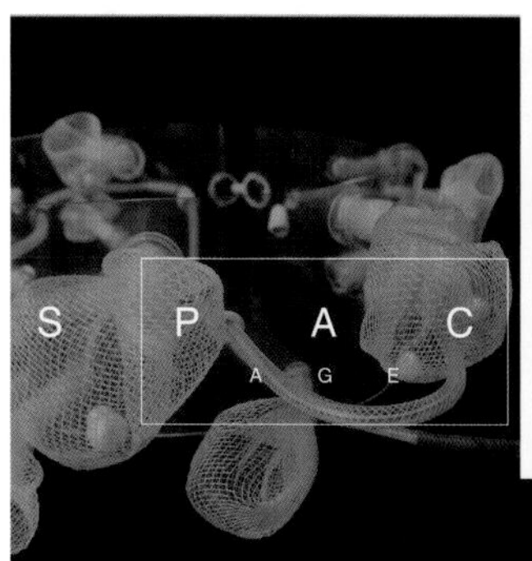

这条项圈的材料由软胶、纱网、胶管、珠子和发光条组成，
胶管与纱网组成一个单元，高低不一，
内装有珠子，活动的珠子带来动感，
而发光条呈现的是线造型，在穿过软胶片后，
与其他元素相互交错，
形成错落有致的效果。

总结

通过前面的经典研究，
对太空风格有了一定的了解，
通过自己的想法和运用现代材料，
创作出不一样的太空风格，
在制作过程中也遇到不少的问题，
但只要静下心来思考，
一定会找到解决问题的方法，
最后感谢桦桦老师的指导。

-MIOR-

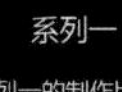

系列一

系列一的制作比较随心，
皮革与镂空的纺织面料进行搭配，
而镂空纺织面料具有不确定性，
即使固定起来，仍然可以扭出很多造型。
另外最麻烦的就是眼睛的亚克力制作，
要有非常精密的尺寸和适中的亚克力厚度。

系列二

系列二的制作过程比较艰辛，
一开始在软胶片上缝拉链尝试了几次，
因为拉链硬度不够，所以在缝合的时候容易扭动，
导致缝出来的线不直，
接着是软胶片与亚克力结合的问题，
因为层次较多，缝合的顺序非常重要。

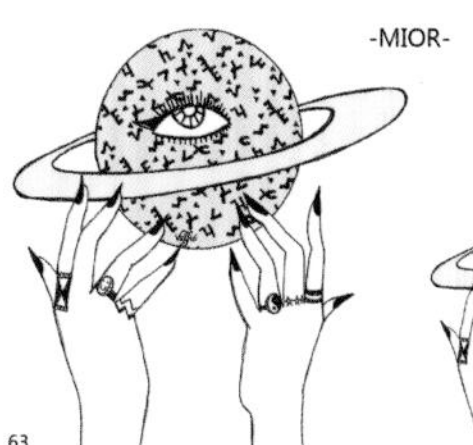

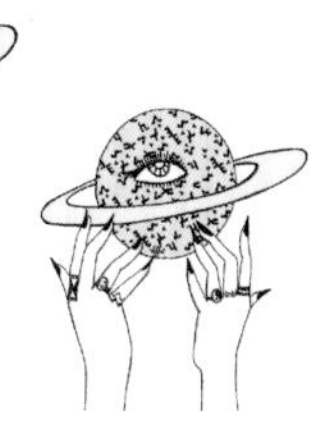

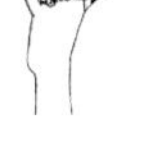

63

总结：

系列一的制作比较随心，皮革与镂空的纺织面料进行搭配，而镂空纺织面料具有不确定性，即使固定起来，仍然可以扭出很多造型；最麻烦的就是眼睛的亚克力制作，要有非常精密的尺寸和适中的亚克力厚度。系列二的制作比较艰辛，软胶片和拉链的硬度不同，所以在缝合的时候容易扭动，导致缝线不直；亚克力与软胶片连接的时候，由于层次较多，缝合的顺序非常重要。

这是一个半球体的背包，
包身材料是透明亚克力，
先在软胶片缝上拉链，
凸起的一面有纱网做装饰，
凹的一面用线缝在软胶片和亚克力交接处，
背带是由网管和珠子填充的胶管，
用钉固定在软胶片上。

点评：

作者在历史研究的基础上，选择个人感兴趣的片段作为设计出发点，按照程序推导出系列，整个过程体现了情感与理性的共同作用。材料的选择和善用仍然是设计的关键，涉及作者选择的“太空概念”，新材料的混搭也恰好符合曾经的时代风格。

理论—实践—拓展

1 历史研究——风格设计的衍伸

《软硬兼施》

2016 年福建省“海峡杯”工业设计（晋江）大赛 服装服饰组 铜奖

作者：何家浩（2012 级 服饰配件设计工作室）

历史研究的基础上结合当代建筑语言

FUTURiSM

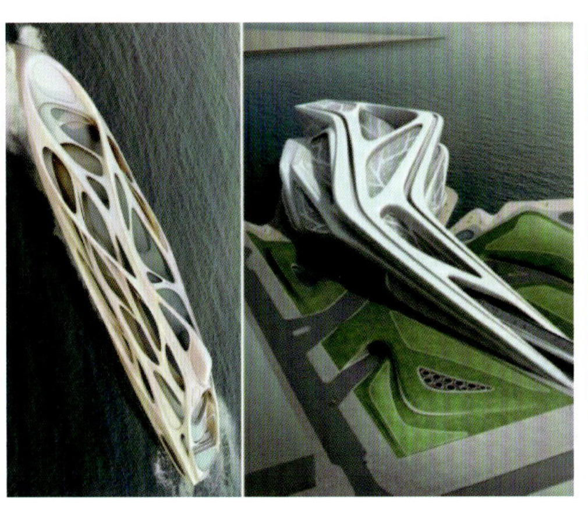

提取元素

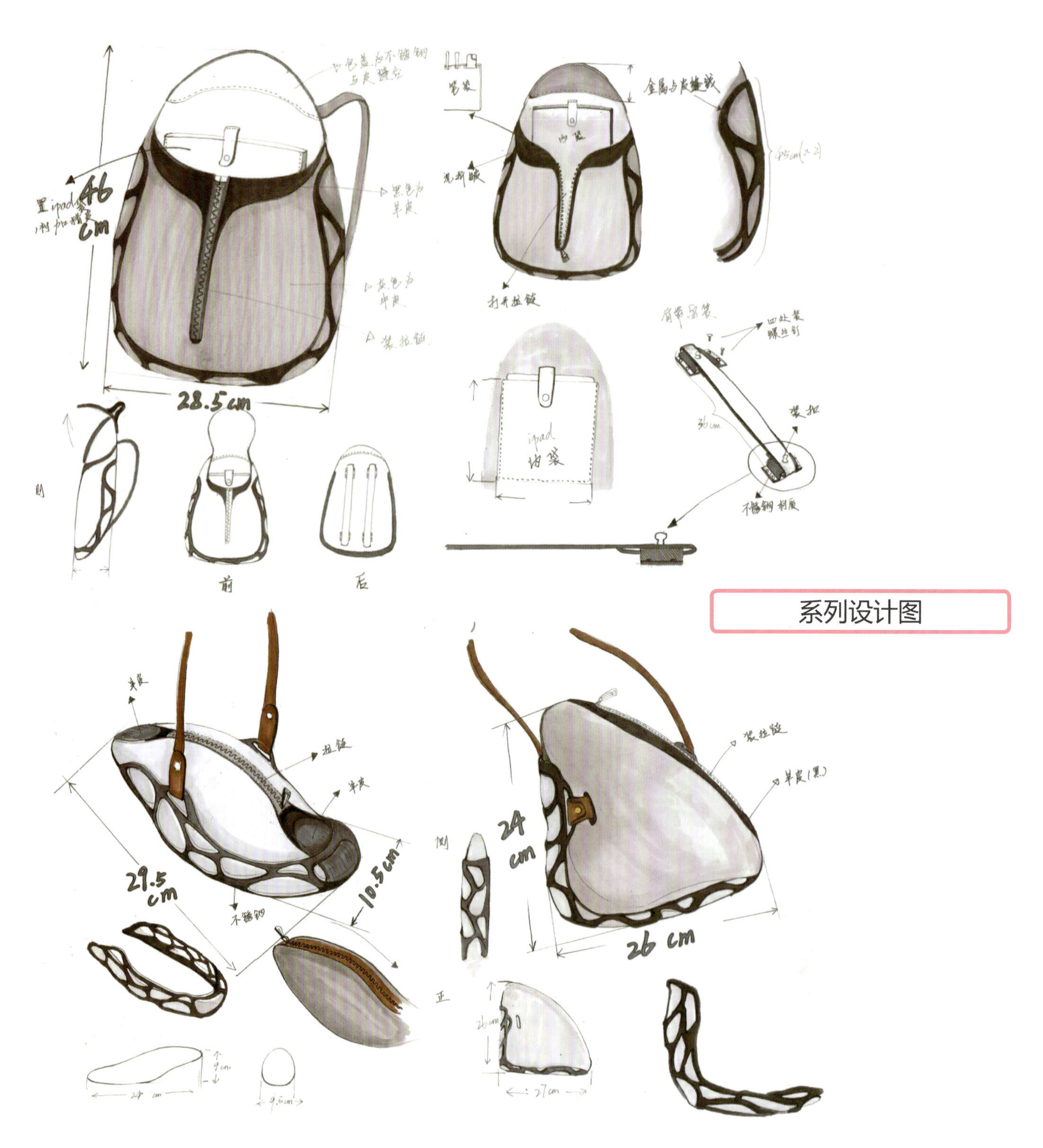
46 cm
28.5cm
黑色为羊皮
装拉链
前
后
笔袋
内袋
打开拉链
金属与皮缝线
ipad
内袋
肩带安装
装扣
不锈钢 衬皮
系列设计图
拉链
羊皮
29.5 cm
10.5cm
不锈钢
装拉链
羊皮(黑)
24 cm
26 cm

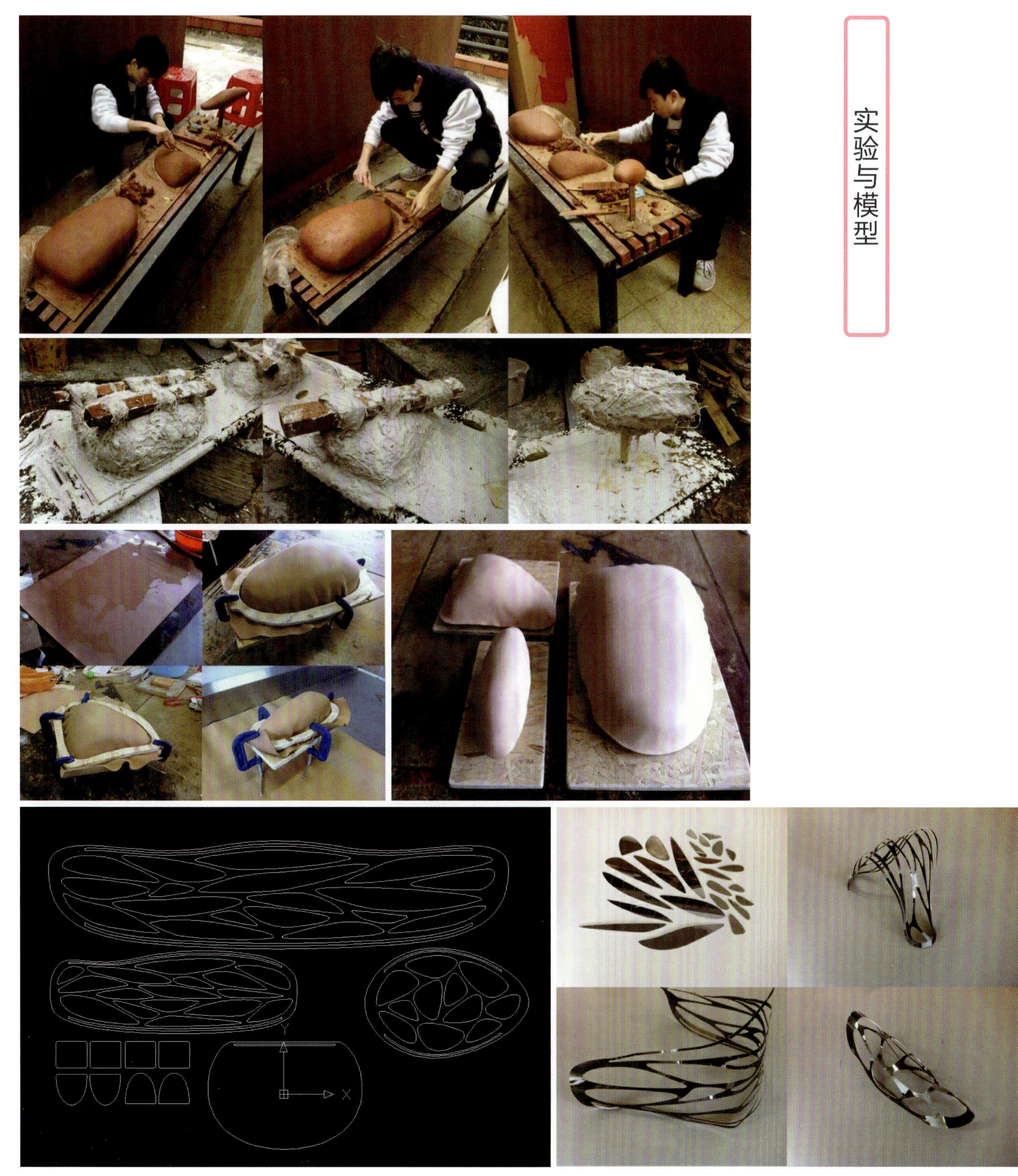
Y
X

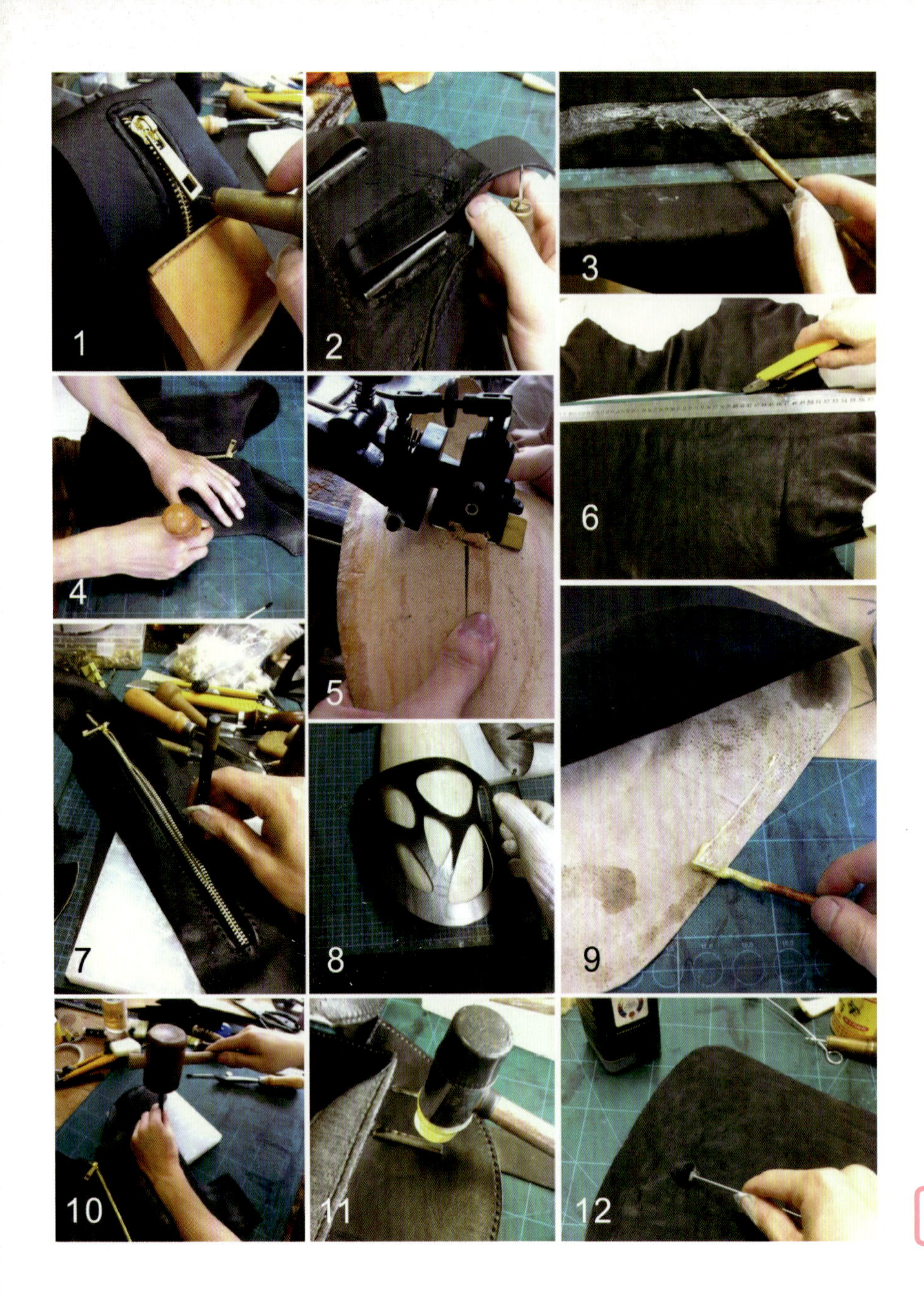

制作过程

成品系列

《软硬兼施》

2016 年福建省“海峡杯”工业设计（晋江）大赛 服装服饰组 铜奖

作者：何家浩（2012 级 服饰配件设计工作室）

总结：

本作品设计灵感借鉴了扎哈的设计图形元素，材质上运用皮革面料和黑钛不锈钢相结合，形成强烈对比；金属部分支撑整个包体，皮革部分成为包袋的收纳空间。包袋的造型由一个椭圆为基础进行修改，呈立体圆弧形状，增加了工艺制作上的难度。

不足的方面：本次创作过多地考虑外观造型，而忽略了作品的功能性。创作过程中，由于前期方案考虑不够具体详细，导致后期制作困难重重，遇到很多的工艺上的问题，需要不断修改，所以在设计方案中，要对生产流程给予高度重视。

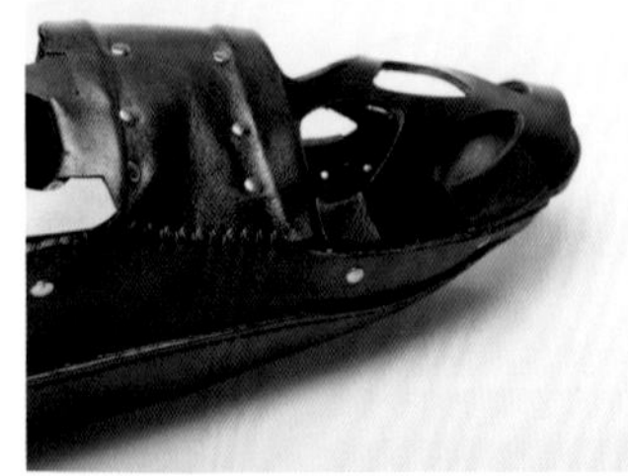

点评：

该系列是前期历史研究到风格设计专题课程的延续，作者通过金属框架支撑配合皮革包裹，构成理想的造型及空间；两种材质在视觉上也形成强烈对比。创作概念很美好，稍显遗憾的是作者忽略了皮包的收纳功能，制作程序及细节处理上也有待改进。

2 模块化、可拆卸、用户参与的个性化设计

模块化概念最初源自宜家的家居设计，组装式产品与用户体验相关，无论是设计师还是消费者，都能让产品变得有趣和有意义。这一理念应用于时尚界将具有更广泛、更自由的可操作性，用户可以根据设计师给出的既定方案完成产品组装，也可以根据需求自行设计甚至更换模块内容，进而成为独一无二的个性化设计。这类产品当然也反映出用户本身的审美文化和需求，无疑将为设计师提供最直接的市场数据。

《不搭——组装式体验》

2015“真皮标志杯”中国国际箱包皮具设计大赛 专业组 银奖

作者：林小鸟（2011 级 服饰配件设计工作室）

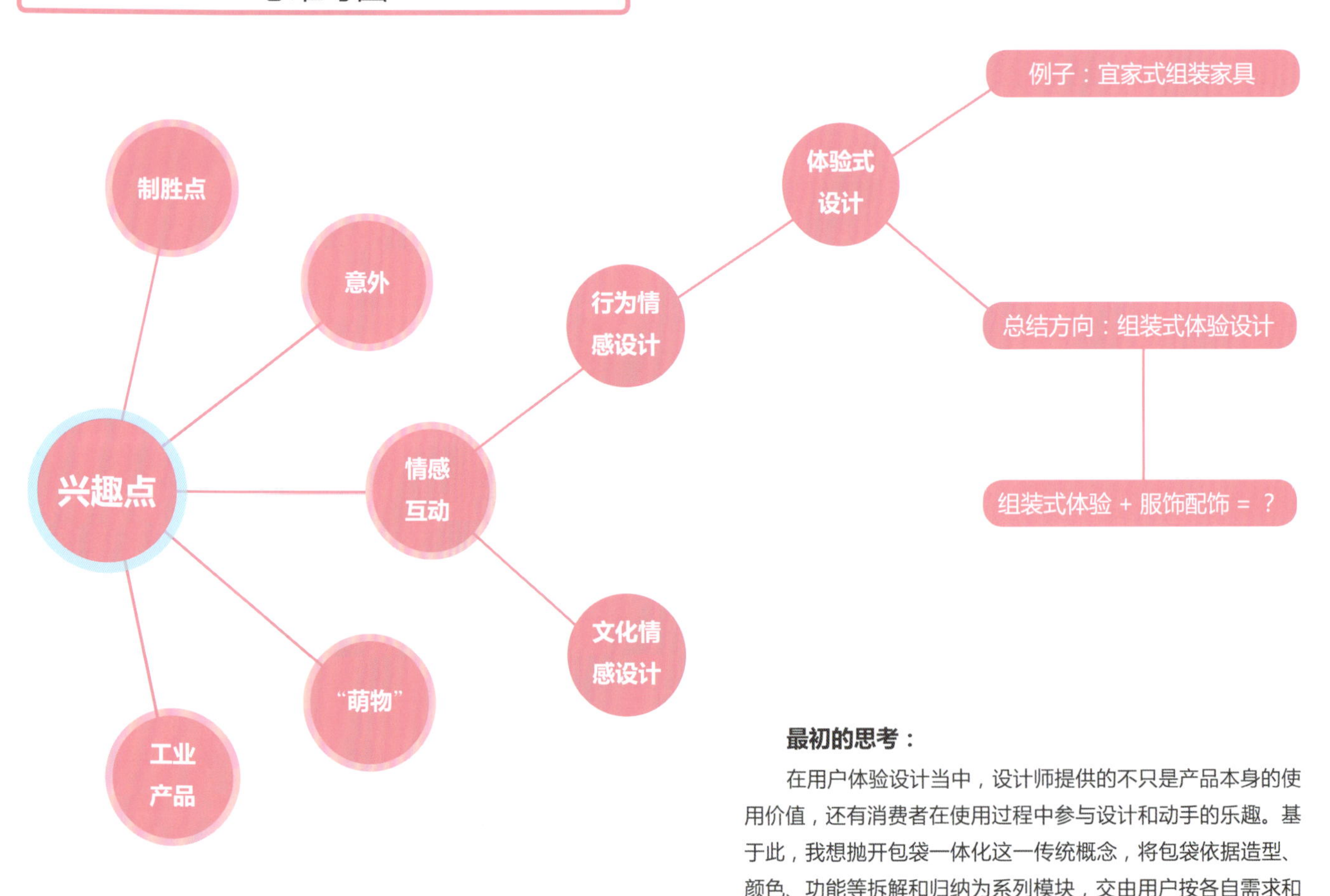

最初的思考：

在用户体验设计当中，设计师提供的不只是产品本身的使用价值，还有消费者在使用过程中参与设计和动手的乐趣。基于此，我想抛开包袋一体化这一传统概念，将包袋依据造型、颜色、功能等拆解和归纳为系列模块，交由用户按各自需求和爱好自由组装，并在这一过程中体验到设计等更多的乐趣。用户体验设计旨在探求一种组装式用户体验与包袋结合的新方式。

灵感来源

（1） 日历——翻日历的动作——把包袋设计成日历的结构，满足拆分组装的要求，抛开传统包袋上由一个整体空间去容纳物品的概念，将其打散成一片一片的“功能区”。

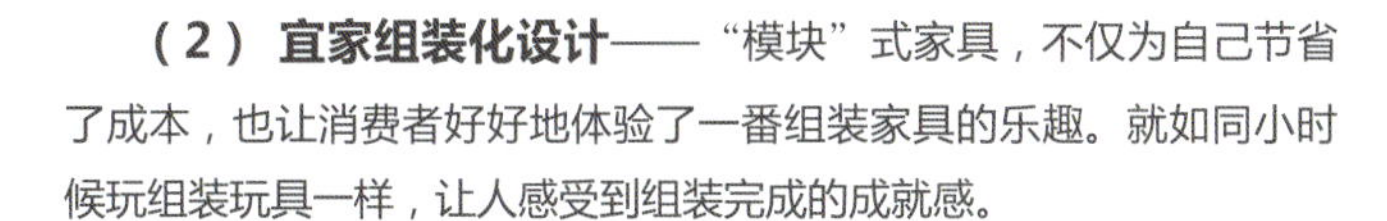

（2） 宜家组装化设计——“模块”式家具，不仅为自己节省了成本，也让消费者好好地体验了一番组装家具的乐趣。就如同小时候玩组装玩具一样，让人感受到组装完成的成就感。

宜家效应

美国行为经济学家丹·艾瑞里研究发现，投入越多的劳动（情感）就越容易高估物品的价值。他把这种现象称为“宜家效应”(The Ikea effect)。当人们购买了宜家家具后，回到家需要花很多力气把它组装起来。看到亲手组装的家具，喜爱程度就会超过同等品质的其他家具。宜家就像是成年人的巨大玩具城堡。很多人喜欢买需要自己动手组装的宜家家具，因为人们自己制作产品时，会产生对这一产品的依恋感和自豪感，这就是宜家效应。2012 年 9 月，宜家家居推出了一款家居设计软件，在体验设计当中又往前迈了一大步。

组装式的设计给用户带来组装乐趣的同时，也要有它本身成为组装模块的意义。我的组装包袋设计不仅考虑包袋如何组装及产生的功能，也要考虑其他的发展可能性，例如时尚性和趣味性。

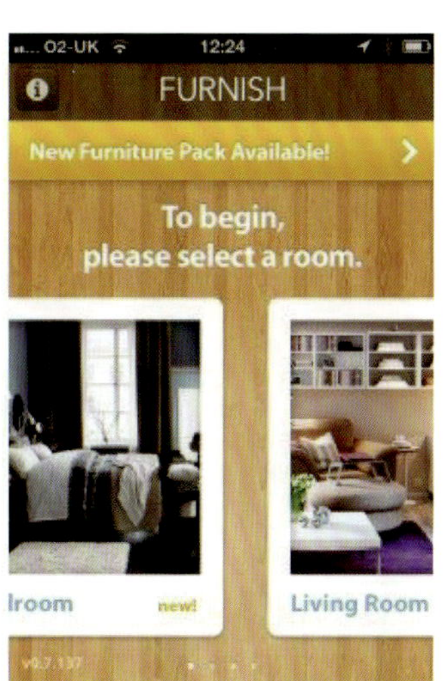

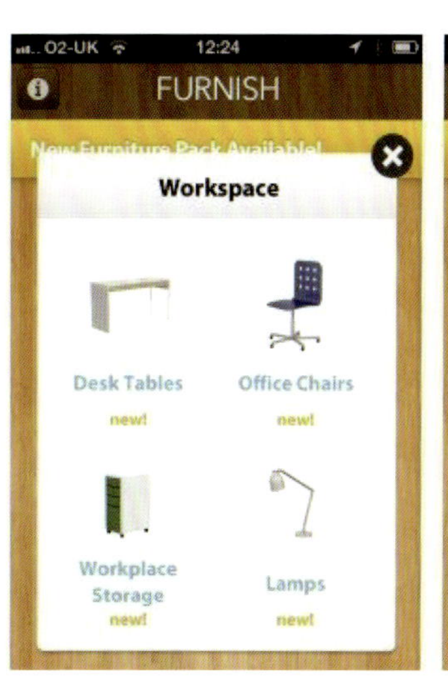

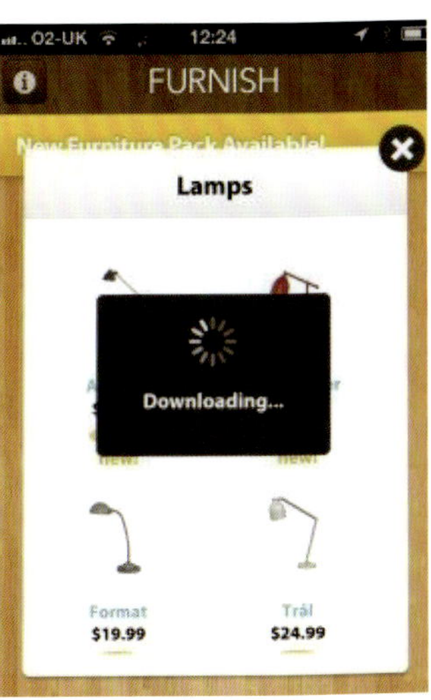

参考案例及分析

松紧带式的单片收纳方式，与大包袋结合使用。

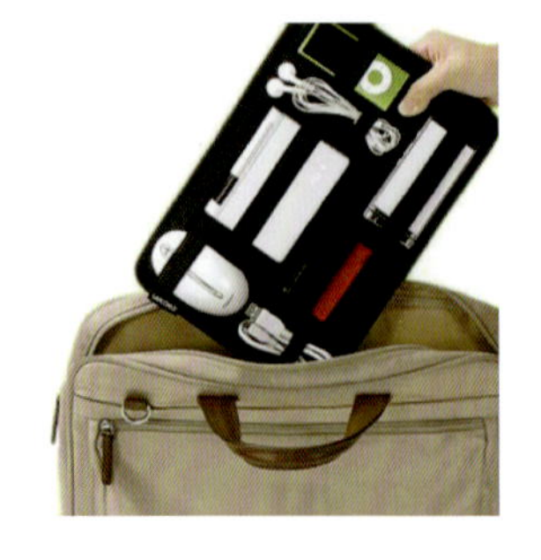

将包袋和手套结合，看似简单的叠加却增加了两个功能：1. 外出的时候把手插入口袋中，舒适同时起到防盗功能；2. 情侣在一起的亲密和浪漫体验。

区域化的收纳设计模式，每个物品都有自己的所属的小空间，在大空间的范围内互不“侵犯”。

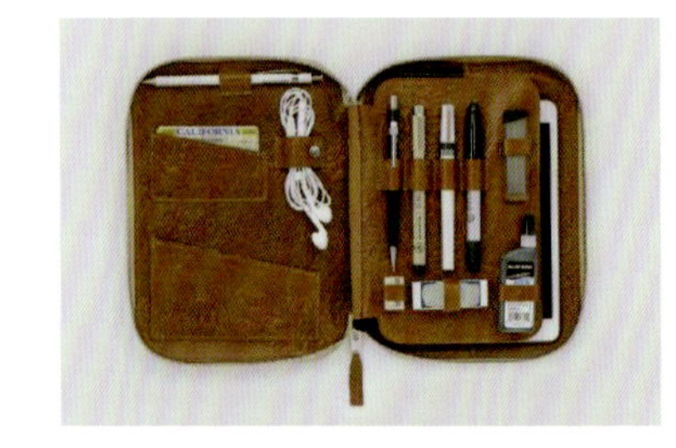

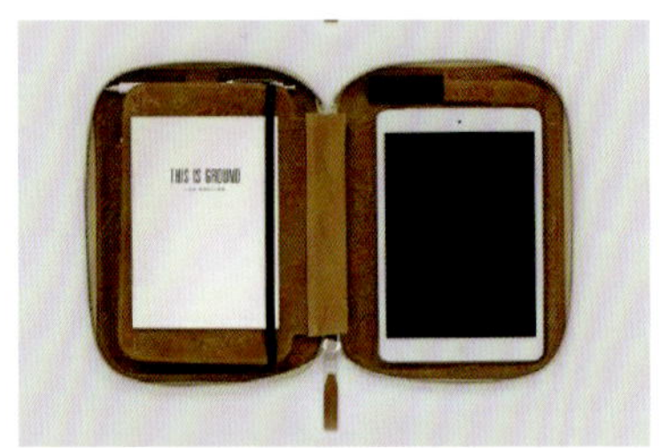

物品“外露”的设计，组装方式分为固定和非固定方式。

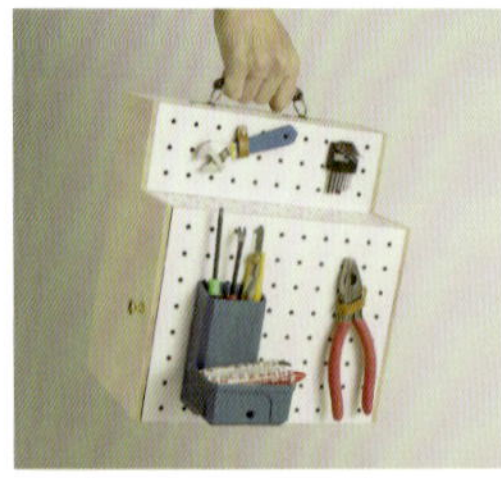

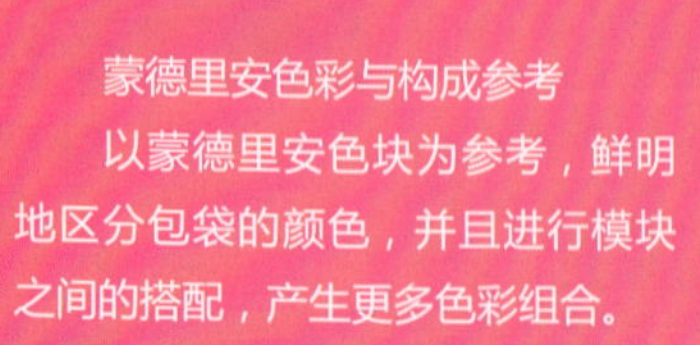

蒙德里安色彩与构成参考

以蒙德里安色块为参考，鲜明地区分包袋的颜色，并且进行模块之间的搭配，产生更多色彩组合。

设计方案

（1）结构设计

四个扁平化的“功能区”以环扣的方式组合在一起。

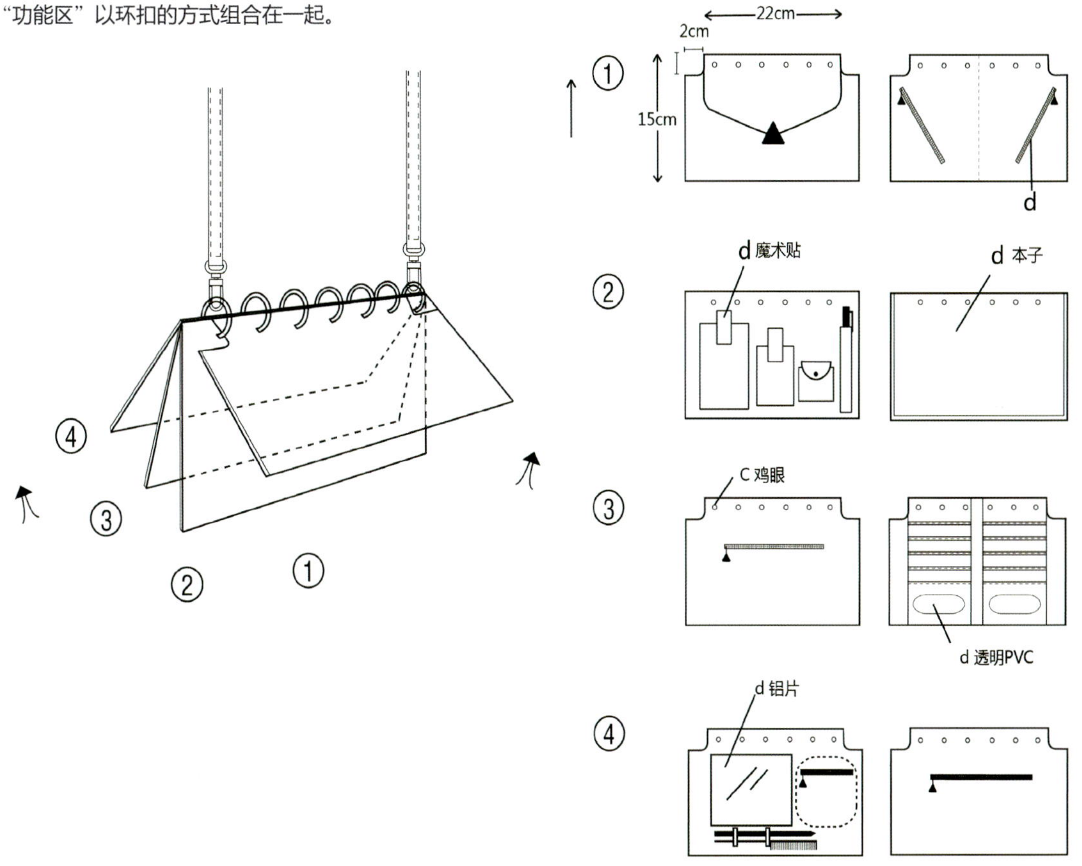

（2）功能完善

在原基础上增加一个类似于“书签”作用的小结构，使人在翻页的过程中更加便捷。

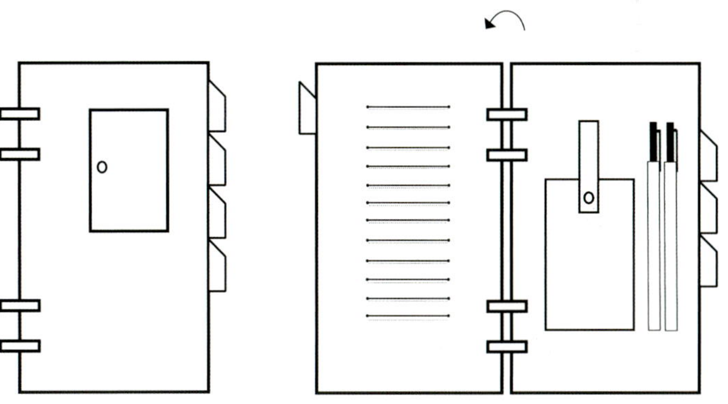

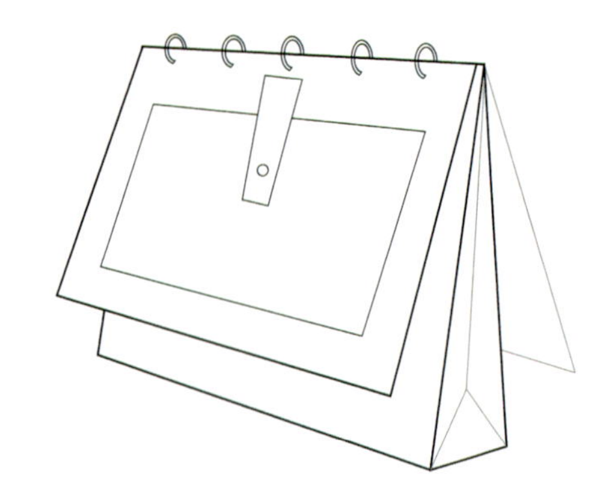

（3）结构完善

在结构上重新完善，把每个“功能区”设计成大小两个尺寸，突出色彩搭配，设计不同的把手，增加模块内容，增加搭配的更多可能性。

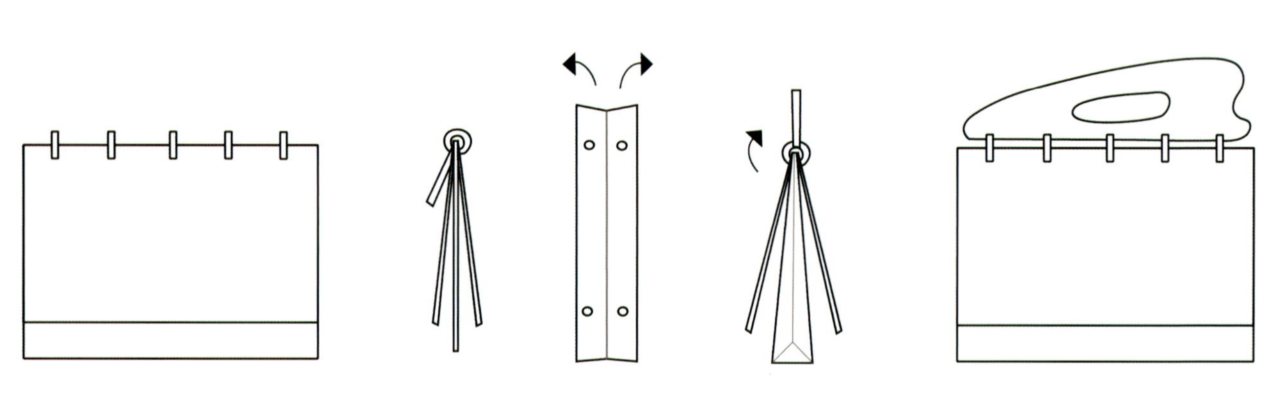

（4）色彩及主题

以春、夏、秋、冬四个主题作为包袋功能划分的切入点来排布收纳区域。

（5）色彩及模块组合方案

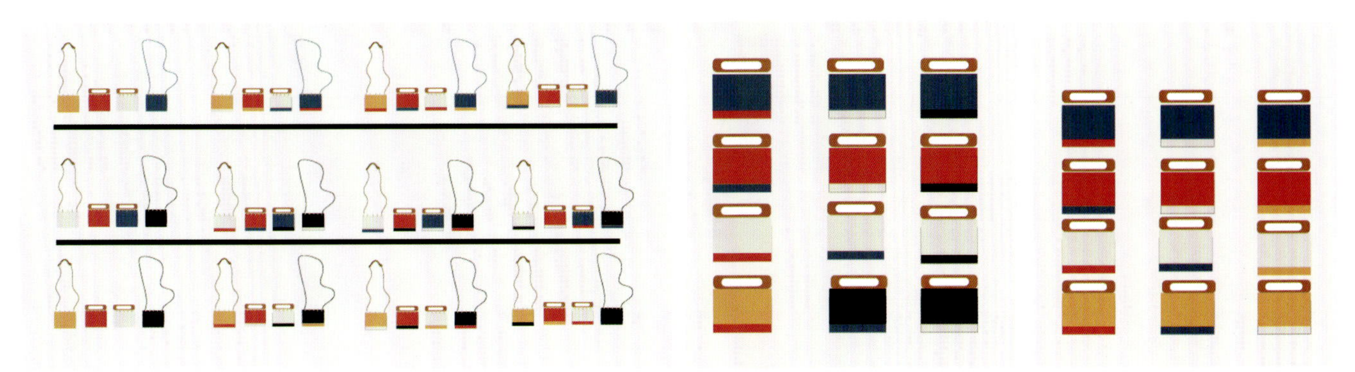

模型

模块及组合

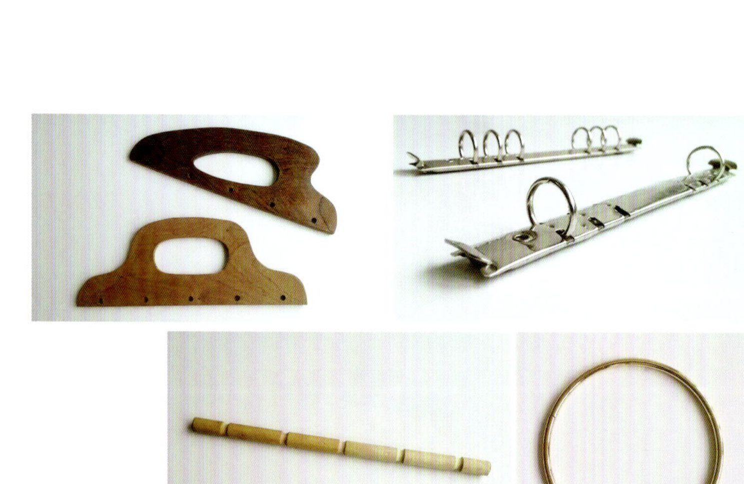

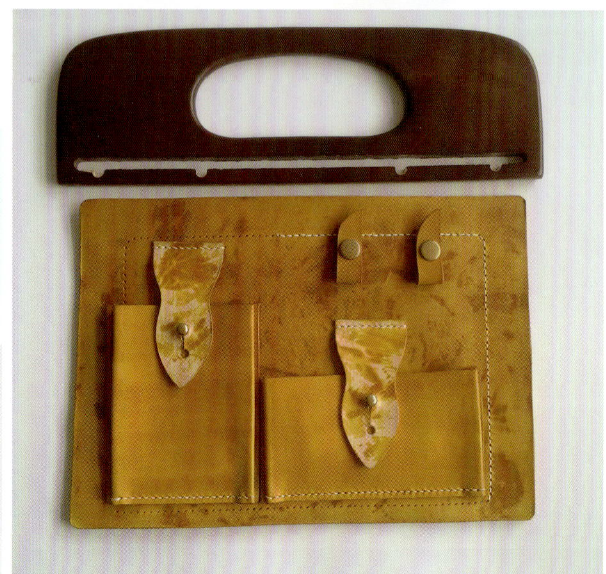

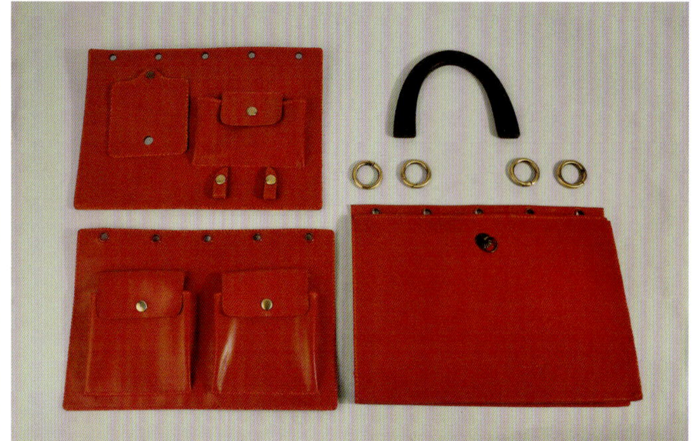

组装示意图

成品视觉展示

《不搭——组装式体验》

2015“真皮标志杯”中国国际箱包皮具设计大赛 专业组 银奖

作者：林小鸟（2011 级 服饰配件设计工作室）

总结：

“功能”模块组装式体验的概念在包袋设计领域比较新颖，除了组装的体验外，设计本身的自由搭配也满足了现代女性对包袋多样化的需求。由于时间和个人能力，设计作品在制作过程中做工不够精细；在款式上每个包的差别也不够大，这是以后继续设计所需要考虑的。

点评：

模块化、可拆卸、组装概念在现代设计中越来越普遍，《不搭》看似是简单的几个“方块”的组装，其实里面所要包含的内容非常庞大，需要考虑不同人、不同场合、时间等等需求，将所有因素分类归纳后进行设计组合，前期的筹划需要很庞大的工作和逻辑性。作者的此次设计只是这一领域中尝试的开端，延续下去将有更宽广的发展空间。

3 尊重与可持续理念

“物尽其用”这一主题来源于爱马仕家族的另一个重要支线品牌小爱马仕 Petit H，可以说是对爱马仕以及这类经典奢侈品牌所蕴含的真正意义的致敬。

环保、可持续设计理念是全球共同关注的主题。什么是有意义的设计？什么是有价值的设计？尽可能减少浪费，珍惜、尊重与关怀等理念应始终贯穿于设计教育中。

“Petit H”成立于 2009 年，由爱马仕家族第六代成员 Pascale Mussard 女士缔造。

Petit H 的核心理念：

“爱马仕家族最珍贵的传统和理念是：家庭、尊重、好品位、追求卓越，珍惜美好事物，以及对美学及材质的讲究。”

“尊重材质，惜物爱物。”

“对材质的理解和尊重——设法‘从不同的角度去看待事物’，去冒险、打破传统思维，融入创意与想象，并在工匠的手艺温度、不同的回忆与故事中，让材料和创意重新邂逅，也开启精品与永续概念找到对话的可能。而即便是原被弃置的材料，制作成独一无二成品时，其质量仍维持最高要求，因为‘价值正来自于细节’。”

设计草图

物尽其用，它本身的解释是：各种东西凡有可用之处，都要尽量利用。指充分利用资源，一点不浪费。其中，它最早的出处是马烽的《典型事例》：“这倒是人尽其才，物尽其用，两全其美。”在这一句话中，物跟人一样，只有“尽”了，方能达到“两全其美”的理想状态。

《物尽其用——关于一张树膏皮的使用和创作》

作者：黎细华（2011 级 服饰配件设计工作室）

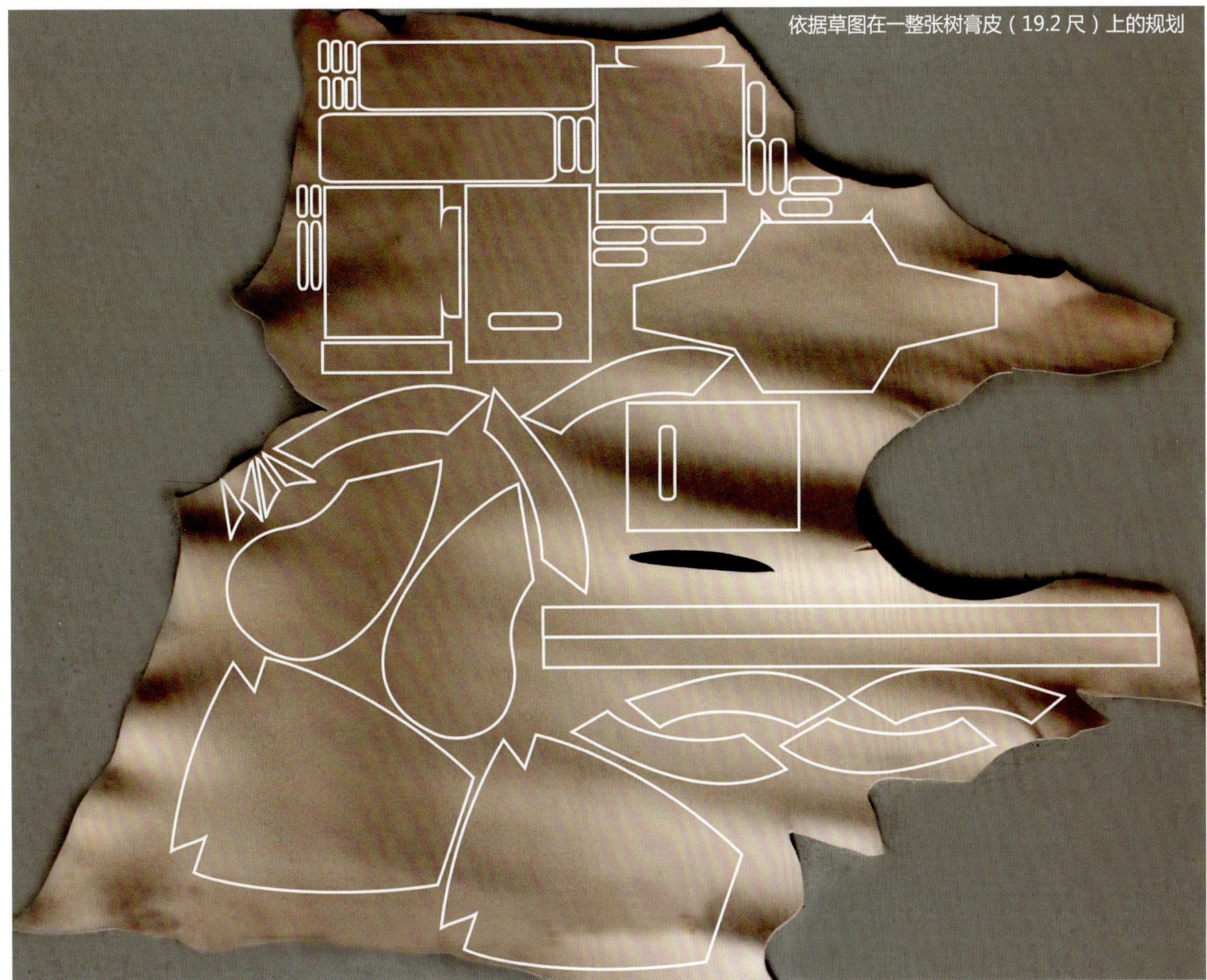

依据草图在一整张树膏皮（19.2 尺）上的规划

设计与制作

双塑形马鞍包

丑态

腰果子

穿着丁字裤的鸡腿

染色、拼接

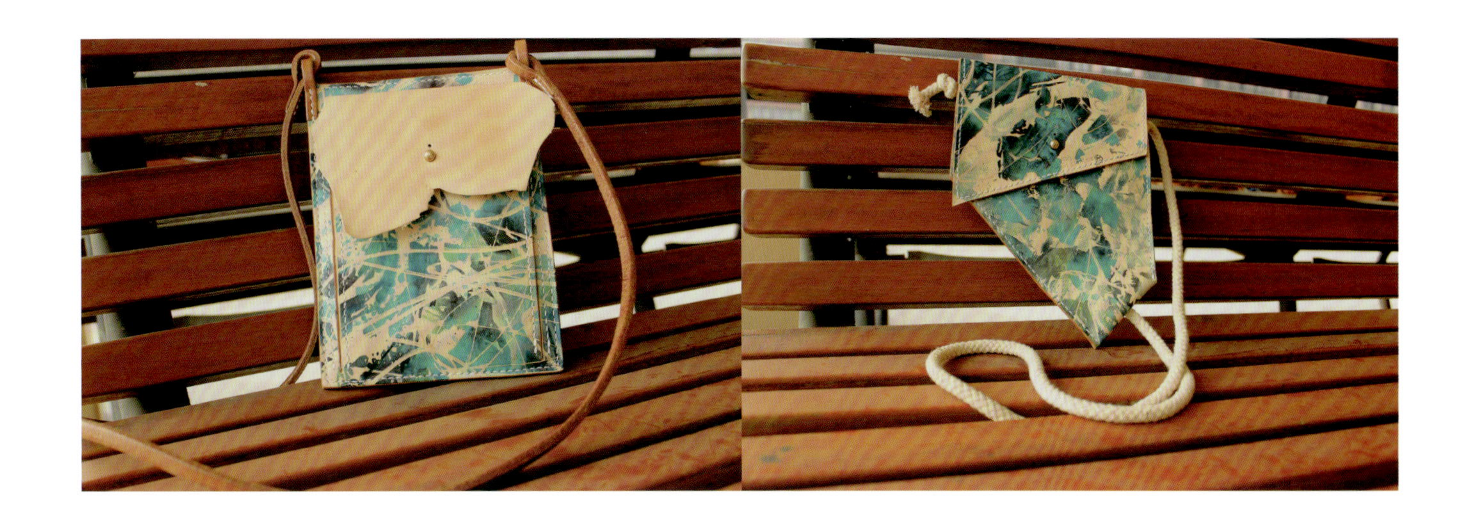

一张完整的树膏皮，从开始制作到结束，最后剩下的碎皮。（使用后）

配件、小物

小碎皮做成的配件成为钩织包袋及摆件的点缀

作品“全家福”

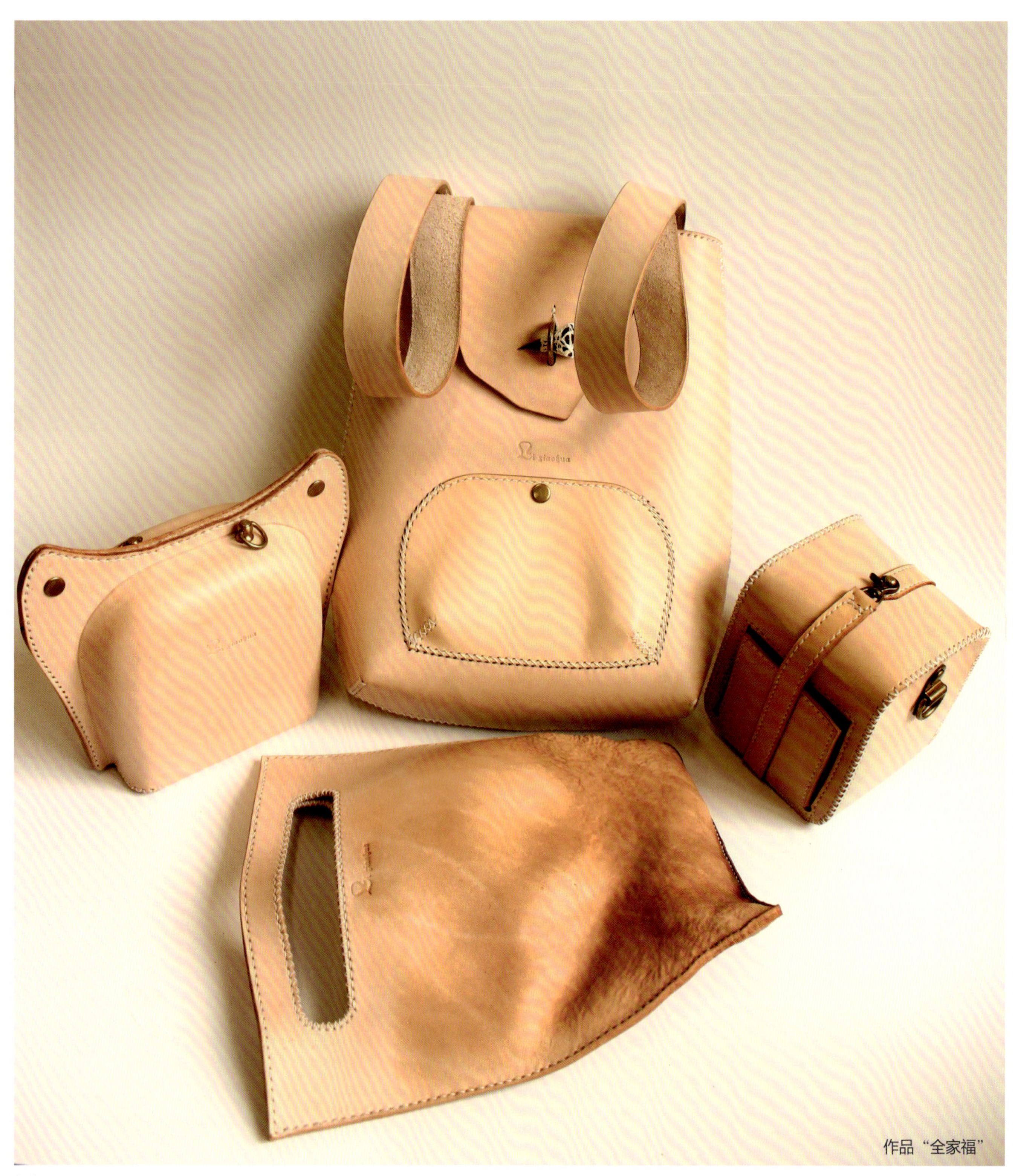

作品“全家福”

《物尽其用——关于一张树膏皮的使用和创作》

作者：黎细华（2011 级 服饰配件设计工作室）

总结：

我为什么选择 Petit H ？

Petit H—“小爱马仕”，它虽“小”，却也能媲美爱马仕，它制作精美，遵从的是环保、物尽其用的原则，从爱马仕的制作过程中被其工匠“遗弃”的材料都将会通过 “小爱马仕”的工匠与设计师之手，最后以出人意料的成品展现给世人。Petit H 更像是在做着一个给材料“生命”延续的事情，把本来已被打上“死亡”印记的材料，通过再设计，为它们创造更多的价值，而不让它们的“生命”戛然而止。当然，遵循环保理念的设计师或者品牌还有很多，他们更多是通过回收外在材料进行再设计，而 Petit H 是对自身内部产生的“废料”进行再设计，是针对自身材料的充分消化，从自身出发尽量减少浪费，达到环保的目的。

点评：

环保、可持续设计理念是全球共同关注的主题。什么是有意义的设计？什么是有价值的设计？尽可能减少浪费，珍惜、尊重与关怀等理念始终贯穿于工作室的教学中。

在“物尽其用”这一主题框架下，每个学生依照各自文化背景和设计经验得出不同解读。作者从爱马仕品牌的精神理念得到启发，通过设计及合理规划，尽可能达到对原材料的充分消化，同时运用传统手工的精雕细琢来传达珍惜、尊重、追求卓越等精神。在当今的社会大环境中，这样的设计应当鼓励和提倡。

参考文献

[1] Susie Bubble. Petit H: 什么都别扔！[J]. 中国制衣，2014(1).

* 本篇教学案例由本书第二作者王桦指导。

第三篇
功能创新

核心功能：为“携带”而设计

分体式旅行箱设计案例解析

“箱”和“包”是息息相关的两个概念，其基本功能都是为了满足人们出行时便于携带各类物品行李的需求。“箱”主要针对远途旅行或其他特殊功用，其目的主要是保护内部物品，因而“箱”的设计形式相对“包”来说较为单一，发展演变较为稳定。在古代，人们的外出活动少，生活方式简单，箱包的功能和品种非常单一，要么是悬挂于腰间的小袋子，要么就是远行时笨重的木箱。从 20 世纪 30 年代开始，现代箱包的产品品种和设计形式不断创新，款式种类急剧增加，体系日渐完善，并已形成特定的消费文化。

旅行箱产品所属的箱包行业是传统的劳动密集型产业，其业态以进行来料加工和出口贸易的中小企业为主，其普遍采用的跟风模仿的产品开发方式将不能满足企业持续发展的要求，势必由“仿造”向“创造”转变，提升产品附加价值和市场竞争力。近年来，国内越来越多的企业意识到产品创新的重要性，个别企业的创新产品开始获得国际市场认可，正努力走出产品同质化泥潭，以实现企业的战略转型。

1 箱包功能创新设计方法

核心功能组件的创新

相对于“包”具有保护和携带物品的功能来说，旅行箱一般增加了“拉杆”和“滚轮”组件，以实现在地面拖行的功能。拉杆和滚轮决定着旅行箱的整体使用寿命，作为核心组件其产品质量要求较高，一般由专门的厂家进行制造生产。针对拉杆和滚轮进行研发和创新，提高产品的核心品质和附加价值，是旅行箱创新设计的一个重要方面。

实用功能的组合与跨界创新

将旅行箱的基本功能与其他功能进行结合能设计出多功能旅行箱产品，达到一物多用、灵活应变的目的，满足用户多元化的“携带”需求。旅行箱的功能创新设计大致可分为以下三种：功能组合创新、功能跨界创新、全新概念创新（见下页图）。图中 A 代表旅行箱携带行李物品的基本功能，B 和 C 代表辅助功能或者其他实用功能，虚线表示旅行箱的概念范畴。

第一种情况比较常见，是功能组合创新，即旅行箱的实用功能以

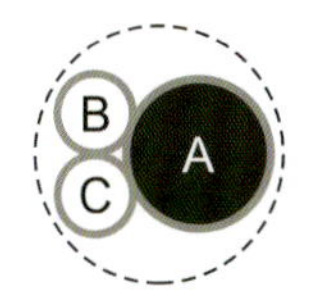

(1)功能组合创新

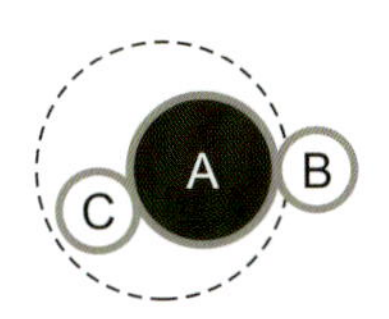

(2)功能跨界创新

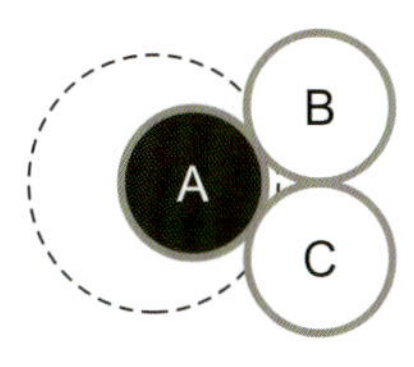

(3)全新概念创新

基本功能为主，以辅助功能服从于基本功能为原则展开设计，针对结构、重量、成本、市场等因素进行平衡与综合。

第二种是功能跨界创新，其仍以基本功能为主，但由于辅助功能与基本功能的巧妙融合，不同领域的产品特色或优势得到整合，各自本身的功能相互促进并形成“乘法”效应（右上图为美国箱包巨头 Samsonite 与瑞士滑板车生产商 Micro Mobility 跨界合作推出的滑板车旅行箱）。

第三种情况是，当基本功能失去其在旅行箱实用功能构成中的主导地位，与辅助功能的权重相当时，“旅行箱”的概念将被拓展并形成一个全新的概念范畴，即全新概念创新（右图为北欧学生设计的集背包、婴儿床和拖车功能于一体的“Veliz 多功能箱包”）。

外观的实用化创新

法国 myDotDrops 概念店推出了一款具有 DIY 理念的波普旅行箱（右图），其前盖阵列的小圆点通过彩色变化可以组成各式图案，用户可以根据自己的想法定制完全属于自己的、独一无二的个性化外观，进行个人情绪的符号化表达，而且在机场的行李传输带上一眼就能辨认出自己的旅行箱。外观功能的实用化创新是基于用户体验的一种设计方式，它使用户单纯的心理过程变得复杂，模糊了外观功能与实用功能的界限，是协调产品与用户关系的一种必要的创新方式。

革新性的创新

革新性的功能创新是指通过综合应用新科技、新材料、新结构、新技术，在实用功能、外观功能等方面突破传统，创造新的使用方式或者产生功能性变革。日本设计师 Naoki Kawamotoy 设计的“Orishiki”手提旅行箱（右图）源于传统的折纸艺术，由若干不规则的平面折叠构成的三维箱体，完全突破了传统旅行箱对称、呆板的产品形象，形成一种全新的设计语言。对于传统艺术的消化吸收以及在外观、结构、技术等方面的综合创新，带来的是“携带”以及“取用”方式的革新。

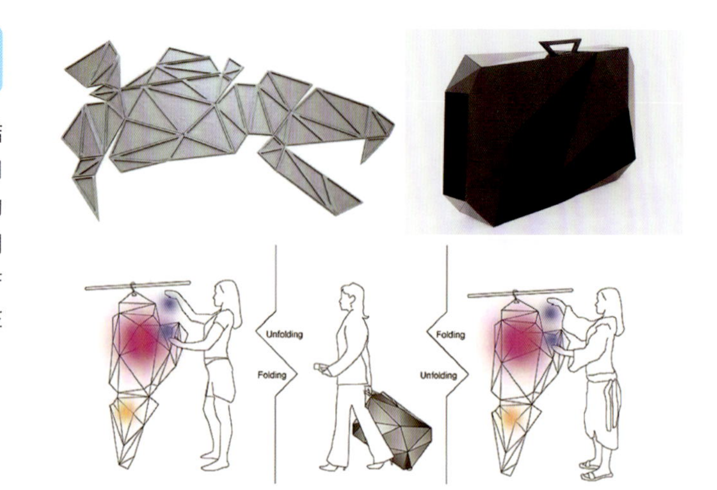

2 分体式旅行箱设计案例解析

随着社会经济的发展，人们生活水平的不断提高，各类出行活动日益频繁，未来的旅行箱包市场将呈现持续性稳定增长，其中用于长途旅行携带行李物品的旅行箱产品的需求也将日益增加。用户不再仅仅满足于简单的实用功能，对旅行箱的产品品质、人性化设计、款式创意等方面更加看重，企业的产品开发及设计能力需要同步提升。企业的产品开发者只有不断提高自身的研发设计及创新能力，才能在未来激烈的市场竞争中占有一席之地，而良好的创意概念如何转变为具有产业化可行性的设计，则是考验企业研发能力的关键。

市场调查与设计定位分析

（1）市场现有产品分析

旅行箱产品根据其材质可分为软箱和硬箱，软箱一般采用涤纶、牛津纺、尼龙、皮革、PU 革、超纤等为面料，其特点是具有一定的容量弹性，但防水性和安全性不足；硬箱一般采用 ABS+PC 等具有韧性和刚性的合成材料制作箱体，最大特点是防水性高、抗压、耐摔，箱内物品不易受到挤压，可保护衣物不易变皱、损坏。根据拉杆部件的安装方式可分为内置拉杆式和外置拉杆式，外置拉杆式属于传统型低端产品，其生产和装配工艺相对简单，成本较低；内置拉杆式是现今市场最普遍的产品类型，其外观简洁统一，具有较为时尚的现代风格。

（2）设计定位分析

根据设计要求，消费人群定位于中青年、受过良好教育、热爱生活的中等收入阶层。该类人群的特点是看重产品的品质和性价比，并追求产品的独特品位或个性化风格。针对该类消费人群的日常使用行为（Behaviour）、生活环境（Environment）和使用的物件（Object）进行观察，进行产品风格的细化分析（见下页表），具体如下：① 运动型，具有鲜亮的色彩、运动风格元素的款式及户外装备的功能，注重材质轻便、取放物品便捷；② 商务型，具有偏向硬朗、简练、稳重的风格元素，注重文件资料的存放和西装防压等功能；③ 可爱型，具有可爱的色彩、造型并以装饰性元素进行点缀，注重产品的设计细节；④ 休闲型，具有实用的功能和简洁自然的风格款式，注重产品的个性化配件，满足旅途需求。

风格	款式	功能
运动型	色彩鲜亮、运动元素	户外装备及功能，材质轻便，取放物品便捷
商务型	硬朗、简练、稳重的风格元素	文件资料的存放和西装防压等
可爱型	可爱的色彩、造型并以装饰性元素点缀	注重产品的设计细节
休闲型	简洁、自然的风格元素	功能实用、注重产品配件的个性化

设计概念及设计方案

（1）设计问题概念化

通过用户调查、头脑风暴并结合工业设计的理念，将设计问题概念化，以寻找设计创新的突破口：

1）产品使用率低的问题。设计概念：将传统的箱包拆分为拉杆 / 滚轮模块和箱体模块，拉杆 / 滚轮模块拆卸后可以实现拖车功能，将产品功能利用最大化，创造产品附加值；

2）箱体局部损坏的问题。设计概念：可拆分并便于更换的箱体设计；

3）闲置不用或者产品运输时占用空间的问题。设计概念：可以通过变形或者某种结构实现折叠的箱体设计。综合以上分析，提出“多功能模块化旅行箱”的设计概念，即旅行箱由箱体模块和拉杆 / 滚轮模块组成，两个模块分开后可以单独使用，箱体模块可以根据实际需要进行更换。

（2）初步设计方案

设计概念基本明确以后，开始进行创意草图的绘制、手工草模的推敲，以确定具体的尺寸、外形以及设计细节。初步设计方案如下图所示，箱体模块采用可展开的结构方式，拆卸以后可以悬挂在酒店的衣柜中或者其他合适的位置，是一种创新的取放物品的方式；拉杆 / 滚轮模块拆卸以后可以当作小推车使用，采用了三角折叠方式，不仅轻便，而且折叠后占用空间较小；两个模块之间采用卡扣和魔术贴的方式连接。

组合

分离

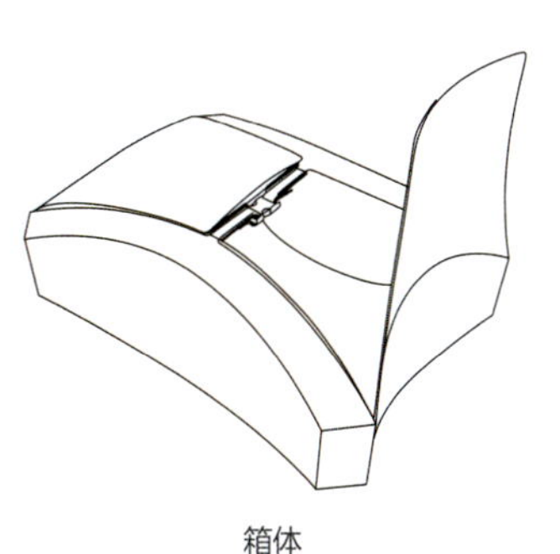

箱体

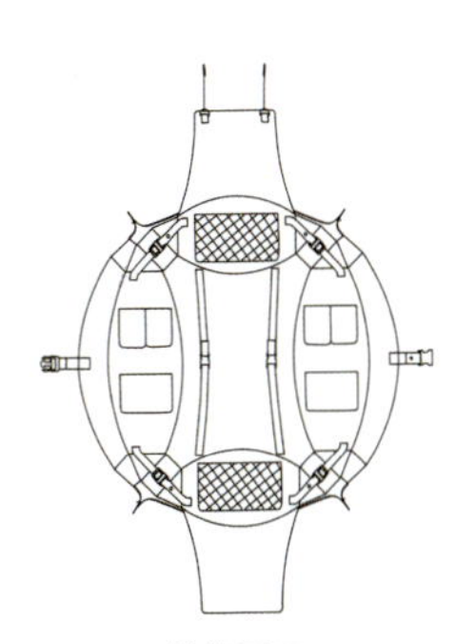

箱体展开

（3）样版测试及方案深化

实物样版经实际使用测试后有如下问题：拉杆 / 滚轮模块的折叠结构不适合搬运重物；箱体模块由于手工制作误差较大、精度不高，无法与拉杆 / 滚轮模块实现顺利装配；箱体在装满物品后有明显变形，而且空间利用率不高等。分析后发现以上问题的产生主要原因在于拉杆 / 滚轮模块的折叠结构设计不合理，因此针对该问题提出了相对更合理的一次性收折结构方案，在实物草模验证的基础上进行了计算机建模（右图）。该方案在造型语言方面尽量做到了简洁、统一，并考虑拉杆 / 滚轮模块与箱体之间的装配方式更加简单可靠。

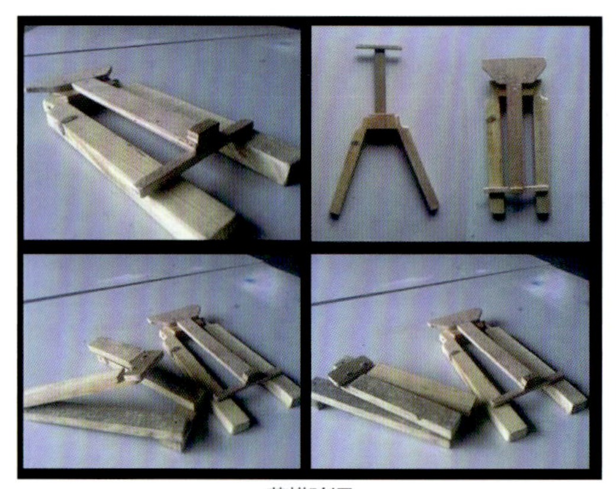
草模验证

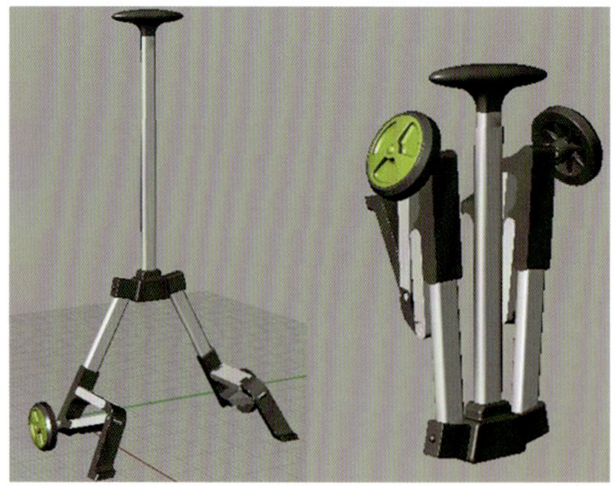
计算机建模

产业化角度的方案改进

深化设计方案基本满足了最初设计概念的要求，从产业角度来看还未综合考虑生产成本、技术工艺、型号规格等因素，因此还需要进一步改进设计方案。

（1）设计概念的重新审视

回到提出设计概念的最初阶段，即回到设计原点进行重新思考，其功能创新点包括模块化、多功能、节省空间、箱体更换、悬挂。原设计概念的价值主要体现在：① 为用户提供了一个可以拆分的旅行箱；② 闲置时可以节省空间并实现拉杆 / 滚轮模块的拖车功能；③ 可以更换箱体；④ 可展开式的箱体可以悬挂起来使用，是一种新的使用方式。以上价值是原设计概念的核心所在，应当在设计结果中得到较为充分的体现。

（2）产业角度的分析

围绕以上功能创新点以及设计价值进行产业角度的分析：① 利用现有生产技术实现可拆分的结构并不难，但是拉杆 / 滚轮模块的实现需要非常高昂的模具成本和生产成本，无法为用户创造附加价值；② 可展开式的箱体较重、结构复杂，而且工艺难度较高。

（3）设计思路的调整

在最大限度地保留原设计概念的核心价值并综合产业角度分析的基础上，做出以下设计思路的调整：① 拉杆 / 滚轮模块采用拉杆箱通用的拉杆、滚轮配件实现，取消折叠功能；② 箱体模块参考普通拉杆箱箱体结构进行简化，保证其能够实现折叠，并充分利用拉杆 / 滚轮模块本身的支撑结构解决箱体承重和变形问题，以减轻箱体重量、降低成本。

（4）新的概念构想

沿着设计思路的调整方向进行思考，重新提出“拖车 + 背包”的多功能模块化概念构想（见右图）：产品可拆分为“行李拖车”和“旅行背包”，解决用户出行途中行李临时增加的问题，其中行李拖车还可以用于装载超出箱体尺寸的物品，增加了产品附加价值。旅行背包模块可以根据用户需要进行选购或者更换，不仅便于清洗，而且闲置不用时可以折叠并节省空间。

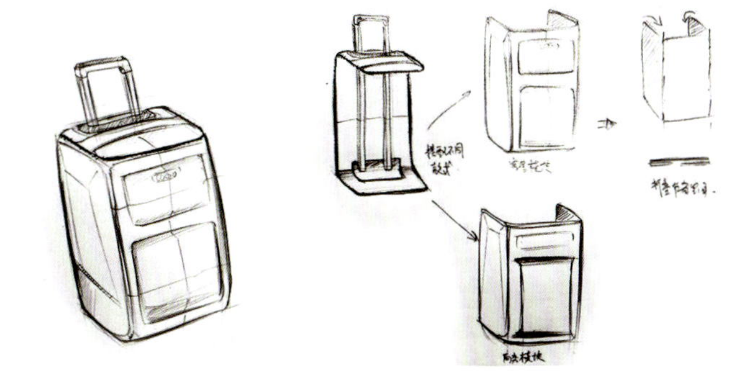

（5）全新的设计方案

按照上述设计思路进行改进后，最终设计方案的实物样板如下图所示。“拖车”模块大体形似一个“L”形，充当临时拖车或者购物车功能。“背包”模块则近似长方体的造型，便于用户装载大量的行李物品，其两侧内嵌的环形钢线起到支撑和抗变形的作用。两个模块之间采用整条拉链的连接，实现快速安装和拆卸。

实物样版的迭代优化

在全新的设计方案基础上，结合设计定位、用户体验等方面的考虑，不断进行款式、结构、功能细节的设计优化和完善。在这个过程中最主要的难题是，既要保证用户拆装快捷，又要尽量使实际的装载空间最大化，其次则是款式、功能、结构的综合与平衡。

（1）设计定位：通过对市场及用户的初步调查了解，结合该设计方案的实际生产成本考虑，进一步明确使用人群：追求品质乐于尝鲜的中青年男士；明确功能定位：短途商务出行（背包也可单独供日常使用），拉杆箱包模块放置生活物品、背包模块放置工作物品；明确产品风格：休闲商务。

（2）拆装连接：经过综合比较和考虑，拉链仍然是最方便快捷的连接部件。但是需要保证拉链不容易被磕碰、摩擦，特别是在组合后的下面转角部位，不能有拉链暴露。

（3）角轮改为万向轮：方案原型是采用的两只角轮，与现有定位于商务、追求使用便利的同类产品相比，已经显得有些落后。因此将两只角轮替换为四只万向轮。

（4）折叠结构：经过对于不同折叠结构方案的尝试和比较，最终采用了向底部折叠的方案，一是折叠起来比较顺手，二是正好利用了底部四只万向轮安装位置之间的空间，使拉杆箱包模块的空间配置更加紧凑。

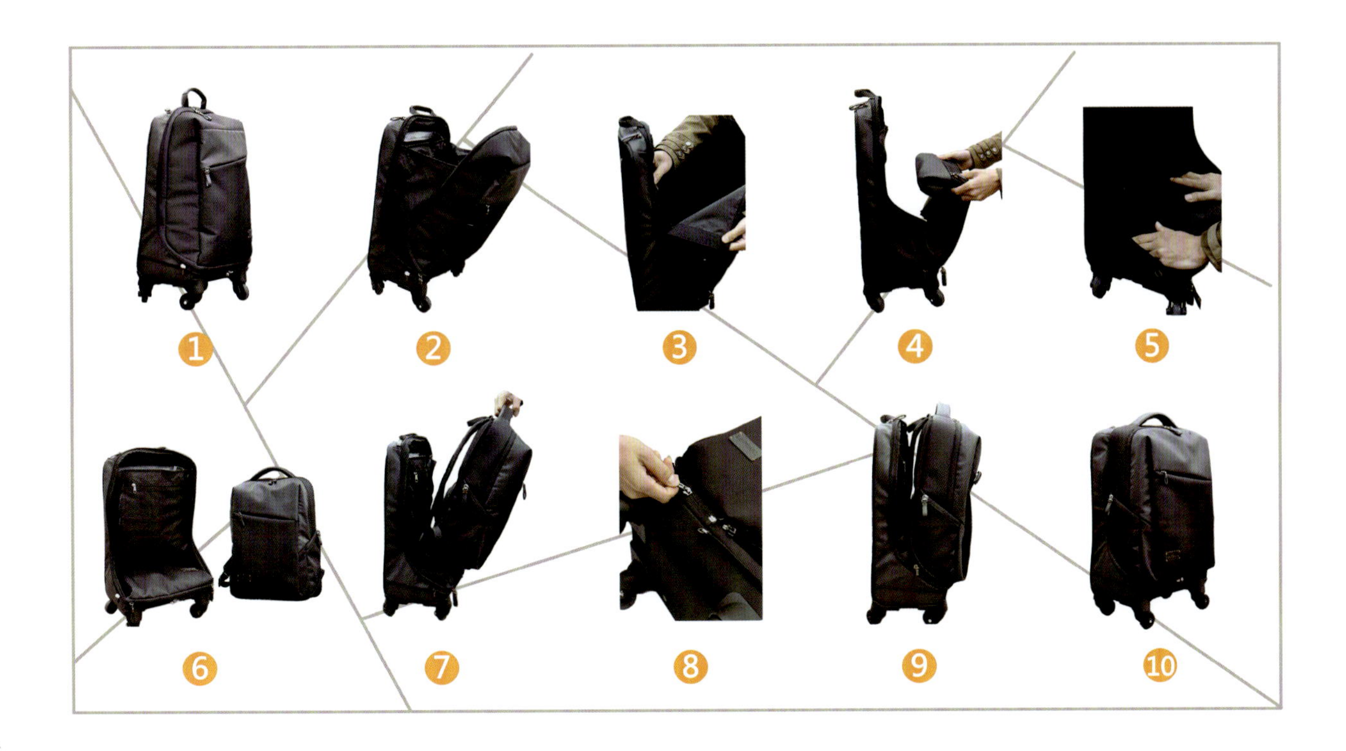

总结与点评

设计问题往往具有网状、交互、多元等特点，产品设计方案的深化不是简单的线性过程，往往是不断调整和自我否定的往复过程，其核心是为用户创造价值，因此设计开发者要有足够的耐心和信心去寻求设计问题的“最优解”。本实践案例能从设计深化阶段“跳”出来回到设计原点进行重新思考，保证了创意概念在产业转化阶段不会偏离最初的设计目的，并使设计方案具备产业化的可行性和一定的市场接受度。

参考文献

[1] 李雪梅 . 现代箱包设计 [M]. 重庆：西南师范大学出版社，2009.

[2] 胡一川，罗斌，张帅 . 集成创新在新产品开发中的探索研究 [J]. 装饰，2011 (2).

[3] http://www.freaknsweet.com/tag/micro-mobility/

[4] [瑞士] 休弗勒 . 北欧设计学院工业设计教学与创意 [M]. 李亦文，译 . 南宁：广西美术出版社，2007.

[5] http://www.sunrainey.com/mydotdrops-custom-travel-suitcase.html

[6] http://naokikawamoto.com/pg50.html

附属产品：关注用户使用情境

旅行箱附属产品设计案例解析

1 附属产品的概念及特征

附属产品是指依附于某一主体产品或产品系统而存在，是被附加的产品或部件。附属产品必须与主体产品配合使用时才能真正发挥其功能价值，附属产品的存在与否不会影响主体产品核心价值的实现。附属产品不完全等同于产品配件，它是主体产品价值的延伸和补充，从设计角度来说是为了完善主体产品功能或注入主题内涵，从营销角度来看是为了创造差异化产品以满足细分市场需求。附属产品具有如下几项特征：

可选性

附属产品是依附于某一主体产品或产品系统、具有某一特定功能的附件，在成为商品进入市场销售的过程中，用户拥有选择并购买的权利，而不会被强制购买。实现同一功能的附属产品可以有多种款式型号或者主题概念，用户根据个人的喜好及使用需求进行选购。

灵活性

一方面附属产品依附于主体产品而存在，用户依据自身的实际需要选购，给予了用户更加灵活的使用体验；另一方面，附属产品的设计、开发与主体产品或产品系统相对独立，较少产生相互干扰和影响，开发者在设计、生产、销售过程中相对来说具有较强的灵活性。

易用性

附属产品基于某种实用功能的需求而存在，是主体产品的延伸和补充，在某种程度上起到强化核心功能的作用，可以刺激用户的购买欲望并容易被用户接受，具有“易用”的特征。

可持续性

附属产品作为产品系统中的一个组成部分，其本身具有完善主体产品功能、丰富产品形式的属性，可以延长主体产品或产品系统的生命周期，避免主体产品过早被市场淘汰，有效节约社会资源，因而具有可持续性的特征。

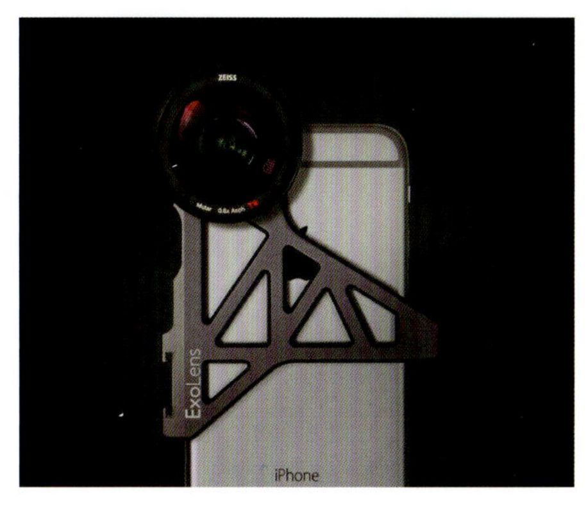

2 附属产品的价值分析

用户价值

附属产品通过完善主体产品的各个方面，能有效提升产品及系统的附加价值，丰富品牌内涵，在有效控制成本的前提下提供个性化、多元化的产品，丰富了产品类型和形式，满足了用户的多样化需求。例如，在现有马桶产品的基础上开发适合儿童使用的马桶盖附属产品，其具有较小的盖口以及动物卡通造型的扶手，套接的安装方式简单方便，提升了产品附加价值。

品牌价值

附属产品可以打造良好的品牌消费体验。一方面，依托某一主体产品巨大的品牌影响力和市场占有率开发相应的附属产品容易打开市场，满足消费者在使用主体产品时潜在的附属需求。例如苹果数码产品周边的附属产品行业形成了一个巨大的附属产品细分市场，也由此产生了一些被广大消费者所认可的品牌。另一方面，附属产品能为主体产品注入特定的主题风格，丰富主体产品线，为产品及品牌的多元化发展开辟了一条路径。

市场价值

要满足当下成熟的细分市场的消费需求，其关键是开发出相应的差异化产品，而附属产品的设计目标正是满足用户的多元化需求，其直接就能产生差异性。而且附属产品的开发环节相对独立，对主体产品的研发、生产和销售影响不大，运用附属产品的设计创新来深挖用户痛点，满足细分市场需求，是一项相对低风险的产品开发策略。

旅行箱自动测重把手

3 旅行箱附属产品设计案例

附属产品的创新设计首先要对主体产品展开行业调查和分析，了解相关的产品规格、技术工艺、型号类别、外观款式等。

主体产品分析

随着人们各类出行活动的日益频繁，旅行箱产品的市场需求不断增加，消费者对于产品的功能、品质以及款式的要求也越来越高。旅行箱按照材质一般分为“软箱”和“硬箱”，常见型号大小有 18 寸、20 寸、24 寸、28 寸等。按照款式风格来分，主要有商务、休闲、卡通可爱、复古、运动、清新等。

	材料工艺	特点	优势
软箱	箱体:涤纶、牛津纺、尼龙、皮革、PU 革、超纤等；基本由人工车缝完成	款式丰富多样，有一定的容量弹性，防水性和抗压性不足	便于修改款式，小批量生产成本较低
硬箱	箱体：ABS、PC、ABS+PC 等塑料材质，采用吸塑工艺；PP 塑料，采用注塑工艺	外观靓丽时尚，防水性高、箱内物品不易受到挤压而导致损坏，近年来较为流行	人工成本占整件产品成本的比例较低，大批量生产的综合成本有较大优势

核心功能分析

主体产品为旅行箱，其核心功能是满足人们出行过程中携带行李物品的需求，因此对于拉杆、滚轮等核心部件的质量、性能要求较高，同时要满足耐磨、耐脏、易清洁的要求。功能部件以及箱体结构的设计除了耐用还要考虑到重量问题，特别是在航班限重的情况下，自重更轻的箱体意味着用户可以携带更多的行李物品，也可以减轻旅途负担，如今“轻质”也成为一个重要的产品发展趋势。

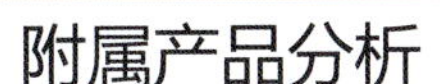

附属产品分析

现有市场上的旅行箱附属产品种类较多，对于一些不方便直接放入旅行箱的行李物品，用户可以自行购买湿物袋、鞋袋、洗漱包、整理袋等。此外，市场上还有防尘套、行李牌、密码锁、捆箱带、简易雨伞、行李称等附属产品。行李牌、密码锁一般作为标准配件常见于大多数旅行箱产品中，而捆箱带、简易雨伞商家有时会以赠品形式成套出售。

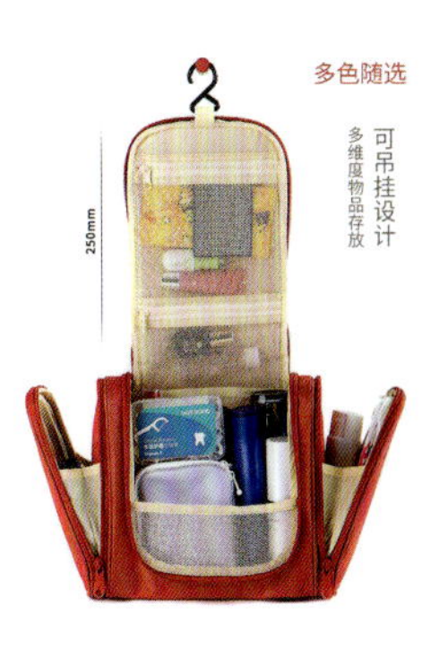

附属功能分析

A. 功能延伸（“物”的层面）。单纯从产品本身这一物的层面，围绕核心功能展开旅行箱产品功能的延伸分析，由此得到如下几个设计考量点：箱体的保护、行李物品分类、防水防盗、折叠等。

箱体保护 物品分类 防水防盗 折叠

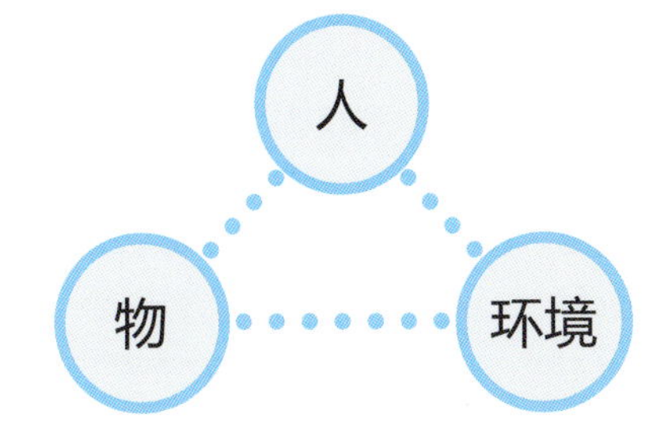

B. 情境延伸（“事”的层面）。基于人、物、环境——“事”的综合层面，通过实地观察、用户访谈、情境分析的方式，发现用户可能遇到的实际问题。

旅行箱产品使用情境主要有：出入酒店、出入候车（机）厅、路途转运、上下车（机）等。通过分析后发现用户存在以下行为或需求值得设计师关注：物品取放、听音乐、导航、照明、充电、测重、个性化识别、购物、怀抱婴儿、携带宠物等。

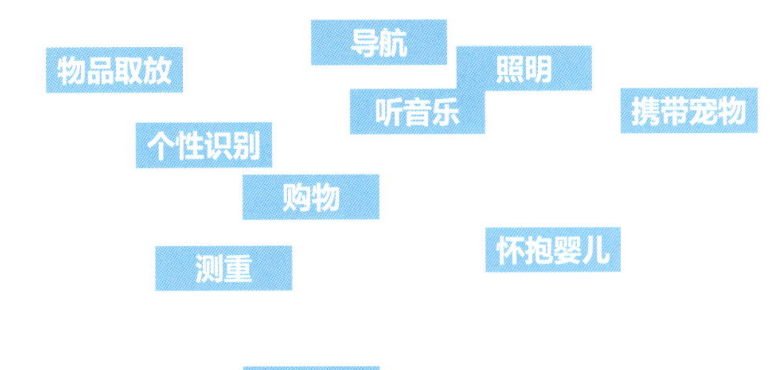

主题概念的提出

针对以上的分析我们可以直接得出一些初步设计概念或者方案，但设计问题往往具有网状、交互性、多元化等特征，在设计的初步阶段导入主题思想即“主题概念”，将有利于后续的设计深化阶段不会“跑题”，即不会偏离最初的设计目的。

通过对旅行箱产品及其功能分析、用户研究，我们提出以下三个主题概念（见下图）：

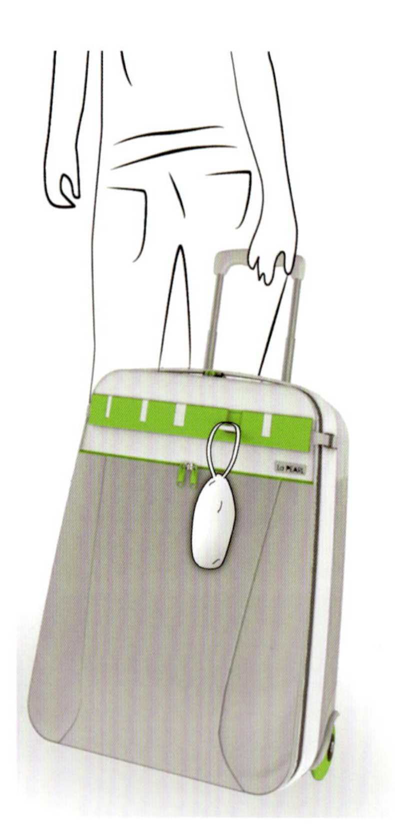

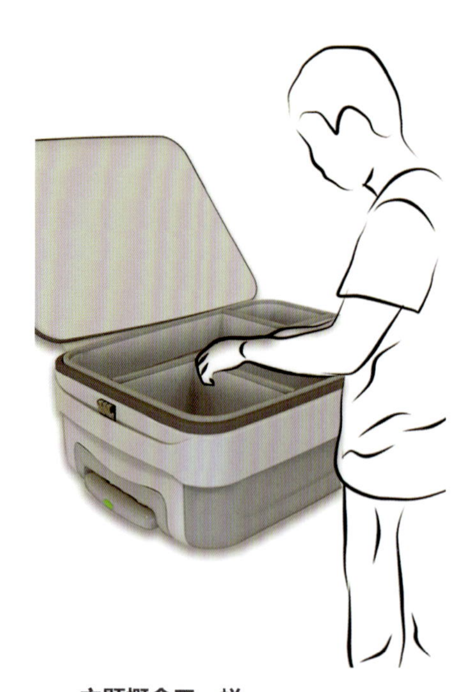

主题概念一：逸

该主题旨在为用户提供一个安逸休闲的候车方式，定位于解决用户在候车时没有座位休息的问题。在繁忙的节假日出行，不仅人多拥挤，而且候车厅往往找不到座椅休息，该设计方案考虑将简易板凳与旅行箱结合，通过一种简便的连接以及携带方式为用户解决临时休息的问题，同时尽量减少该功能部件的重量和体积，在缓解劳累的同时不会明显增加旅途负担。

主题概念二：捷

该主题旨在为用户创造轻松便捷的出行体验，定位于解决用户出行中随身物品的临时取放问题。通过实地的观察发现，绝大多数出行用户除了行李物品会携带一些零碎的随身用品，例如饮料、零食、杂物袋等，以供旅途所需。该概念方案考虑在旅行箱外侧附加一个可以拆卸的模块，专供用户放置小型的塑料袋、杂物包以及饮料等物品。

主题概念三：蜕

该主题旨在为用户提供一个全新的使用方式，将旅行箱蜕变为一个移动的衣橱，让用户在整理和拿取行李的烦琐过程中解脱出来，并帮助用户进行简单的行李分类。具体的方案是在旅行箱内部设置一个内胆，该内胆不但可以进行行李分类还可以取出并挂放于酒店的衣橱中，方便用户取放行李物品和充分利用衣橱空间，同时也免去频繁弯腰翻找旅行箱中行李物品的烦恼。

设计方案深化

如果将设计深化环节简单地理解为将初步概念方案的细节、结构进行完善和落实，那么这种线性思维方式将导致最终方案偏离设计初衷，其设计价值也无从体现。因此设计深化阶段应紧紧围绕概念主题，综合行业标准、产品规格、技术工艺、市场前景等因素，化解设计创新思想与产业化条件限制的矛盾，将每一个主题概念转化为实际可行的设计深化方案，为后续的产业化及市场投放做好基础工作。

深化方案《逸》——休闲模块

“逸”定位于休闲模块

在众多的折叠式、简易型坐具中，我们选择了一种采用铁线制作的折叠凳，经过一定改进后，其折叠过程不仅轻松简便，而且折叠后的重量和体积都在预期范围内，符合该主题概念的设计定位，而且制造工艺简单，成本低。内置于箱体前盖中的折叠凳不仅可以拆下单独使用，而且与箱体连接在一起时，可以巧妙地利用箱体的支撑力，为用户提供半卧的姿势休息，不仅更加舒适，而且还能起到一定的防盗作用。箱与凳两者的连接式组合产生了乘法效果，最大限度地发挥了两者的功能价值。

深化方案《捷》——商务模块

“捷”定位于商务模块

在分析了用户使用习惯以及旅行箱产品结构后，决定将临时取放物品的功能设置于前盖部分。这一深化设计思路一方面可以将功能与外观款式较好地融合，另一方面的考虑是，箱包产品非常容易实现各式各样的用于收纳物品的插袋。因此，为了用户更加便捷地进行操作，采用了创新的外翻式插袋，供暂时存放随身携带的饮料、纸巾、报纸、杂志等物品，只需轻轻翻下前盖，便可轻松享受旅途中的闲暇时光。

可以继续改进思路：考虑到用户的实际使用，可以将前盖改为可拆卸式结构，并针对不同用户设计多种功能及款式，作为专门的前盖附属模块供选购，满足市场的多元化需求。

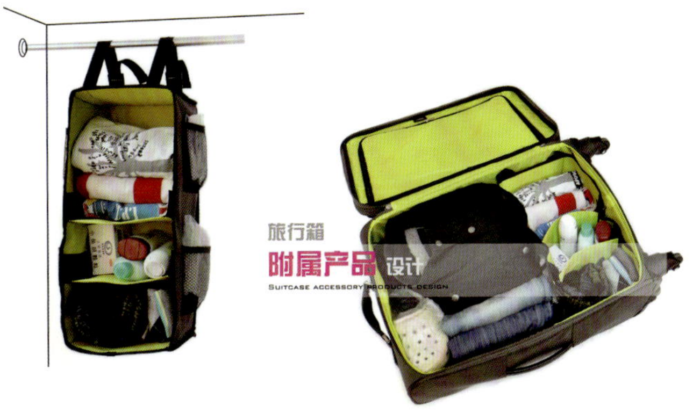

深化方案《蜕》——家居模块

“蜕”定位于家居模块

考虑到箱体内部空间尺寸不一、附属产品通用性的问题，将内置分隔袋的尺寸缩小，以适应不同规格和款式的箱体，提高适用范围。出行时为用户携带的物品进行分类整理，到酒店后可拆卸下来当作衣物收纳袋使用，不仅取放衣物更加便捷，而且提高了产品本身的使用价值。

可以继续改进思路：一是针对物品分类整理、空间区隔、袋口密封等方面进行改进。洗漱用品、毛巾、内衣、化妆品及其他零碎物品专区专用，采取适当的封口方式，例如拉链封口、弹性带封口的灵活运用，还有外侧网袋采用斜上 45 度开口等，以保证分隔袋挂放时物品不易掉落。二是延续原有主题概念中的方案，开发某一旅行箱型号专用的模块化分隔袋。

设计说明

该设计主要解决用户出行时因车站人流过多而导致缺少座位候车的问题。通过在旅行箱前盖内置简易的折叠板凳，并将其与箱体连接在一起，巧妙利用了箱体的支撑，可以使用户以半卧的姿势休息，更大程度地缓解旅途的劳累。

该产品制造工艺简单，成本较低。不仅解决休息的问题，而且在一定程度上起到防盗的作用。

使用过程

1.拉开拉链

2.拿出板凳

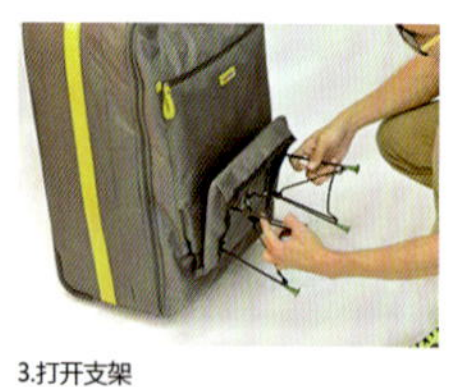

3.打开支架

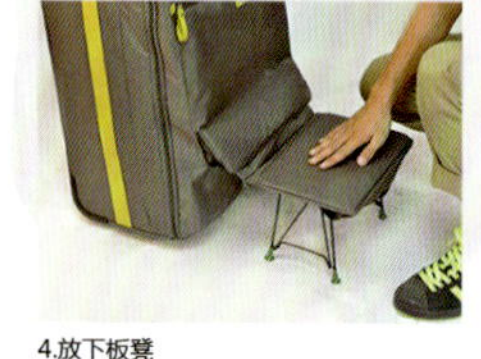

4.放下板凳

5.休闲阅读

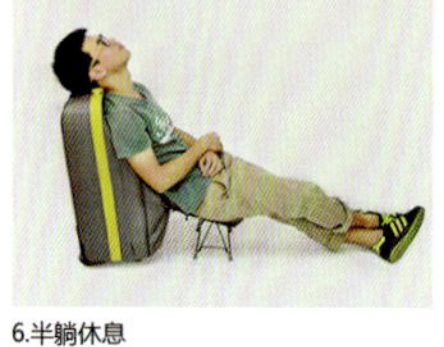

6.半躺休息

尺寸图

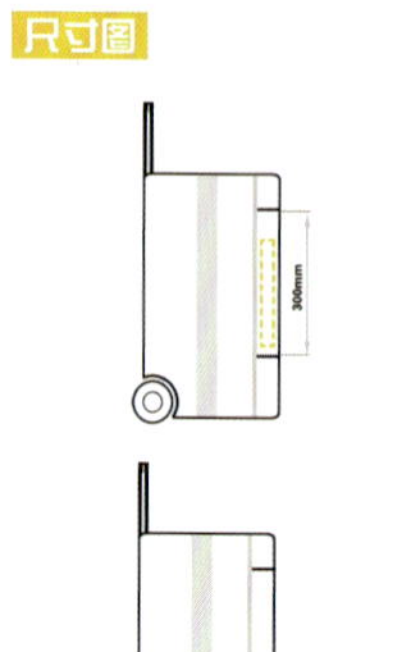

细节说明

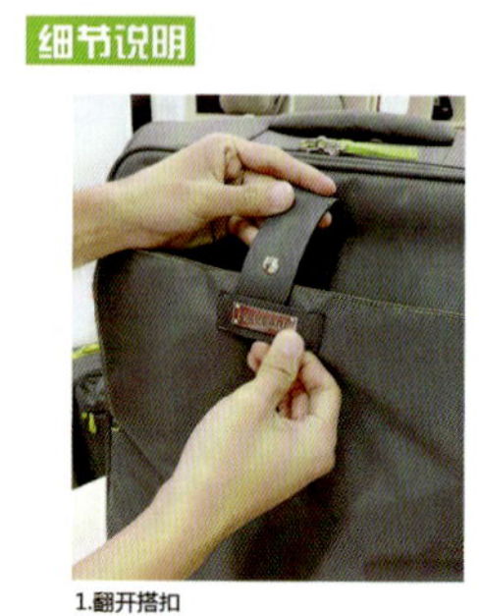

1.翻开搭扣

2.外翻式插袋可以随时使用

总结与点评

附属产品是开发者尚待挖掘的一片创新空间，附属产品的开发需要设计师细致入微地观察，理性分析用户使用情境，发现主体产品及其配件尚未完全解决的实际问题，通过巧妙的构思弥补原有产品人性化的不足，并从产业化的角度优化设计方案。附属产品不是充当附属、附加的角色，也不是简单的功能组合相加，而是充分发挥设计者的创意潜力，让“主体”与“附属”两者起到乘法效应，最大限度地提升产品附加价值，丰富主体产品或产品系统功能，实现产品功能差异化。

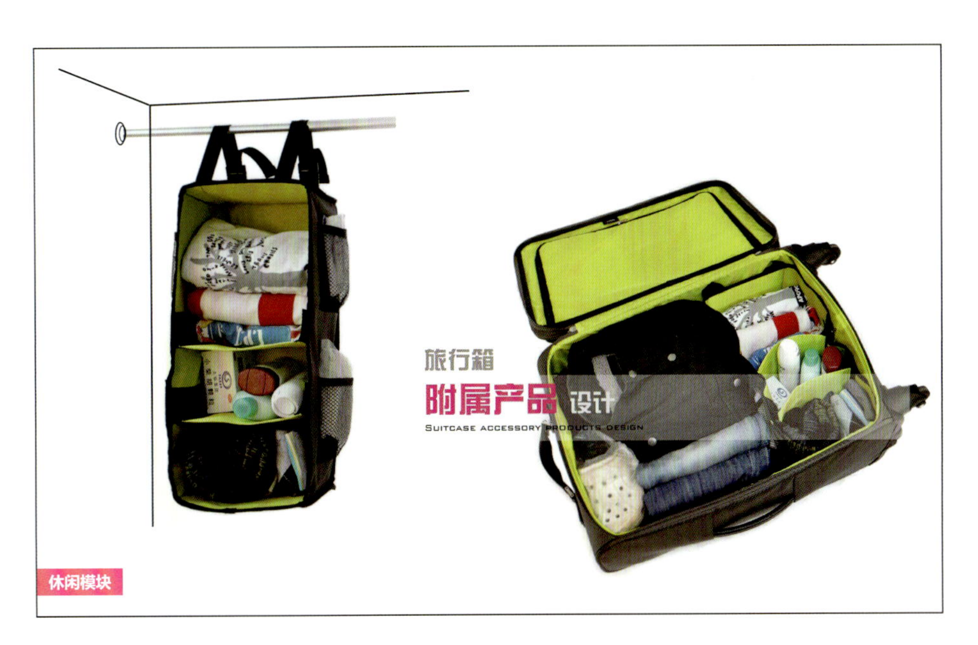

说明

翻式的插袋设计让用户在候车休息的时候，轻轻一翻前盖提供一个商务休闲的空间。翻下的前盖设计几个小插袋，暂时存放饮料和纸巾等小物品，给我们的外出带来舒适。

设计说明

该设计为箱包内置分隔袋，出行时为用户合理分区物品，回家后可拆卸当衣柜收纳袋，提高它的使用价值。

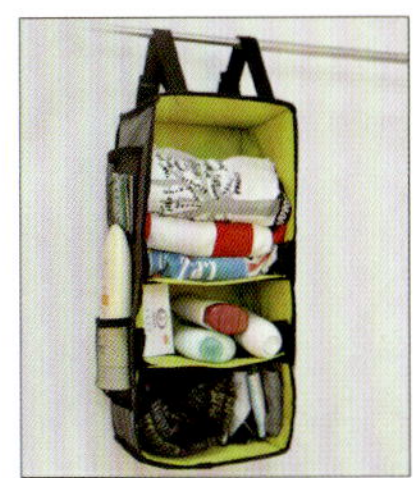

一物二用,提高产品的使用价值

料及其他随身物品临时放在便候车时取用。

4.候车时翻看期刊报纸等，打发时间。

细节说明

1.内置分隔袋让你的行李一目了然

2.回家后可以将分隔袋拆卸当衣柜收纳袋

3.简单的插扣设计，简单快捷

4.衣柜收纳袋

参考文献

[1] 周洪凯 . 附属产品设计 [D]，长沙：湖南大学，2006.

[2] https://kidsmile.tmall.com

[3] https://zeiss.tmall.com

[4] https://izhongchou.taobao.com

[5] http://www.tumi.cn

[6] https://muji.tmall.com

[7] https://tuyuehw.tmall.com

系统思维：产品与服务的整合

Thinkpack 旅行背包服务设计案例解析

1 前期调研与分析

旅行行业发展背景和环境现状

根据调研的情况表明，中国旅游业市场规模仍然会持续扩大，而在线旅行发展再次提速，旅游、户外用品行业正处于成长阶段，发展速度快，面临一片广阔的蓝海。同时，中国旅游消费品市场处于由中低端消费向高端消费过渡的阶段，互联网旅游有非常大的发展前景。旅游业是中国经济的重要环节，一是拉动了经济增长，二是提高了社会消费，三是促进了社会就业。本设计项目立足于旅游市场，发展前景和经济效益显而易见，对社会的发展具有积极作用。

中国旅游业总收入变化

互联网旅游产品分析

目前，旅游产品主要分为三类，即预订类、导航类、分享类。

互联网旅行产品分类

类型	特点	代表
预定类	灵活安排，并且保障性和安全性高	HotelTonight：搜索当天特价酒店。 赶集网的蚂蚁短租：搜索特色短租房。 航班管家：提供航班实时信息
导航类	准确而且便捷，用户需求明显，而且成本不高	1. 城市导览 代表项目：TouchChina 已经覆盖了多个热点城市导航，从各个方面为游客提供全套的导航服务。 2. 景区及室内坐标 代表项目：中国商城掌图 中国最早尝试室内导航的 APP。 3. 虚拟现实 4. 图读世界 代表项目：Fotopedia
分享类	追求互动性，而且信息流量大	1. 手机社区 代表项目： TripAdvisor.com: 全球最大的旅游社区 Gogobot.com: 最优秀的旅游社交网站 2. 旅行直播 代表项目： tripcolor：行程纪录和分享

旅行背包产品分析

（1）旅行背包的分类

背包除了不同种类的用途和相应的风格款式，还有一项非常重要的指标——容量。按照背包容量进行区分，其常用的分区区间为：

25~35L；35~45L；45~100L。

小背包——

容量为 25~35L，这种小背包常用于短途的休闲旅行或是在长途旅行中备用，用于背负小物品。

登山包 / 旅游背包——

容量为 35~45L，这类背包通常用于户外休闲、登山或是在长途旅行中使用，它们能背负较多的东西。

大背包 / 野营背包——

容量为 45~100L，此类背包是短途露营或是长途旅行的必备，它们注重背负的舒适度和背包的承重量。

户外运动背包的分类

（2）旅行背包品牌分析

品牌定位	高端背包品牌产品	中低端背包品牌产品
产品参考	  	  
品牌名称	Osprey ，The North Face，Gregory Arcteryx 等	Camel，ONEPOLAR，Vanwalk 等
整体造型	关键词：高端 时尚 年轻 简洁紧凑大方，主体表面没有过多的装饰， 采用较多的直线 / 面，或者对称线 / 面，整体感很强，给人一种安全、简洁、明快的感觉。	关键词：大众 休闲 日常 造型多样，主体表面有多种装饰面 / 线。变化曲线 / 面，视觉跳跃感比较强，有活泼、亲和感。
色彩处理	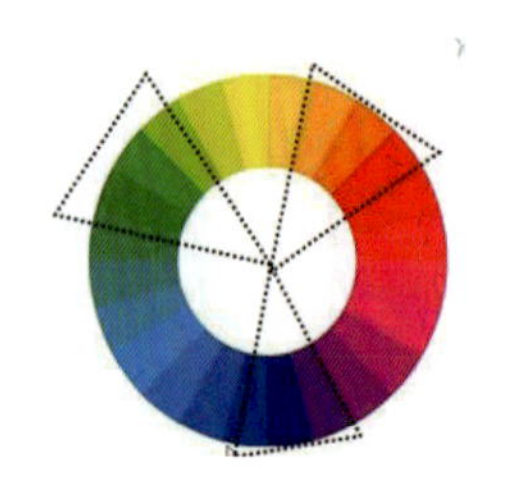	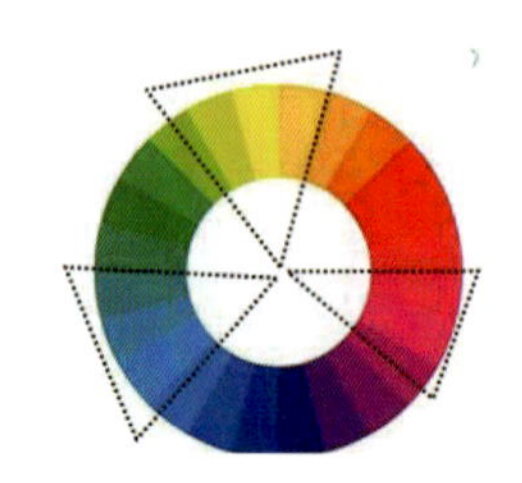
功能结构	关键词：科技感强　更专业 在背包的材料、制作过程，多个方面会融入新工艺和新技术，非常注重人体舒适度，大大提升了背包的品质感，提升了用户的使用体验。	关键词：实用舒适 性价比高 这一档次产品以旅游背包、登山包居多，满足户外休闲出行的装载需求，结构结实面料耐用，舒适度较好。部分中端产品会有一些个性功能的设计。

用户行为及需求调研分析

访谈——与负责管理短驴网的学生及导游进行一对一访谈，询问了关于目前旅行消费人群的特点，包括其出发、途中、回程等阶段可能出现的潜在需求，以及他们对旅行产品的建议，总结其行为特点并明确用户需求点。

问卷——线上问卷及线下随机发放问卷开展调查，验证上述访谈调查得出的结论是否具有客观性和普遍性。

将上述的调查结果进行梳理分析，将用户行为及需求进行归纳总结，见下表（●自由行 ○跟团行）：

要求出游信息获取的准确便利，对网络的依赖十分明显	需要提高旅途中人身财产的安全
●通过互联网去了解住宿和景点的信息 ●主要通过朋友介绍、网络信息去确定目的地，选择咨询旅行社变少 ●常用导航和团购解决吃住行问题 ●手机软件导航依然是主流	●在住宿环节上，行李安全顾虑大，重要物品跟身 ●旅途上少有主动交友，但不排斥交友，但也会顾虑到安全问题 ○路线上相对理性，对人身安全重视
需要满足用户的创新个性化需求	**需要使用社交平台快速简单地进行记录和分享**
●有特色的景点依然是人们的首选 ●对事物有一定创新要求 ○个性需求很难达到统一的满足	●人们有记录旅行内容的习惯，并常分享于热门社交平台 ●常用热门社交平台分享动态（实时签到报平安） ○分享性的东西更多的是简单快捷的整理分享方式
需要提供准确、便利、优惠的交通选择方案	**需要新的消磨时间的娱乐方式**
●回程交通常在途中提前预订，且热衷于如手机订票的便利的方式 ●交通方式的选择主要考虑费用问题，一般以火车为主	●电子娱乐消费要求不高 ●消磨在交通工具上的时间方式乏味 ●人们旅行中有解决电量和内存问题的需求
要求行李的收纳实用性高，回程有快递需求	**满足安全情况下的交友需求**
●对行李的收纳实用性需求比较多 ●行李快递能解决人们的需要 ○经常需要携带伴手礼	●旅途上少有主动交友，但不排斥交友，但也会顾虑到安全问题 ●偏向于跟熟悉的朋友结伴出行
需要提供准确、便利、优惠的出行规划	**提供各出行目的人群所关注的信息**
●对于出游的规划性不强 ○平时对旅游的资讯关注比较少，旅游经验不丰富	●触发去旅游的因素多为兴趣和心情 ○改善和提高生活品质
帮助用户高效利用出行时间	**需要帮助跟团消费者增大旅游自主性**
●出行受可支配时间的影响因素最大	○对导游依赖性大，但又不完全相信导游

目标人群及产品开发定位

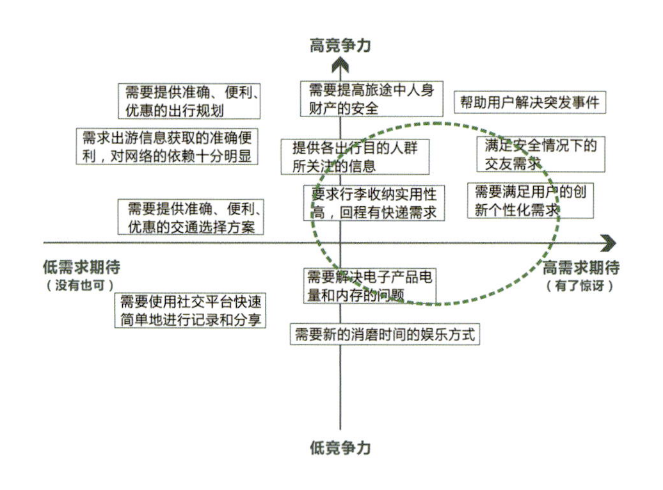

该项目的使用人群定位为 18~25 岁的年轻人，其中以受过高等教育的人群为主。该人群具有以下特点：

一是大学生群体创新意识强，容易并且喜欢接触新鲜事物，与本设计理念相仿，有推广发展的基础。

二是本设计旨在构建社区服务，打造一种全新的旅游出行模式，非常符合该群体追求用户体验和分享的特点。由于该群体预算有限，出行前往往会做大量的准备工作，熟读各种攻略、咨询查阅目的地相关的信息，根据自己的需要安排旅行路线。因此对于旅游资讯有着很强的需求，期望在旅途中获得高品质体验以及较高的自主性。

经用户访谈及分析，最终确定：

人群定位——喜欢旅行的年轻人

产品定位——大众化旅游产品

需求开发定位（见左图）

2 产品及服务的设计开发

设计任务

硬件（背包）	各硬件实现背包连接，离开报警；提供定位和导航功能；满足实用性；背包提供电源和内存；通过背包认证交流。
社区	记录和分析用户热搜，定时投送推荐；日程记录、假期提示功能；建立旅游社区咨询，本地人及结伴人推荐服务；建立旅游朋友圈，分享详细攻略介绍和游记，并链接其他主流平台；社区完善从起程、途中等环节交友的功能。
软件	App 优化地图功能及翻译功能；App 推出详细且贴心的攻略，并提供配套服务；交互体验必须便捷，App 界面要美化；丰富娱乐功能。

软件设计及社区建设方案

用户通过手机 App 应用程序连接个人背包，在界面中选择背包的手机延伸功能选项，便可通过“背包—手机”丰富使用体验，提高旅行质量。

旅游社区的建立正是从用户的使用体验出发，这个社区将会全面涵盖旅游所需的各个方面，从用户出发前考虑的目的地资讯（美食、娱乐、住宿、天气、购物）、交通方式和所需生活物品，旅游途中的信息分享、导航，还有归途时的各种提醒均有涉及。一切以解决用户在旅行中的需求作为社区的开发目的，以完美的使用体验吸引用户的使用，最终形成一个旅游生态圈的闭环——只需登录这个社区，就能够完成对旅游所有资讯的了解和服务的购买。

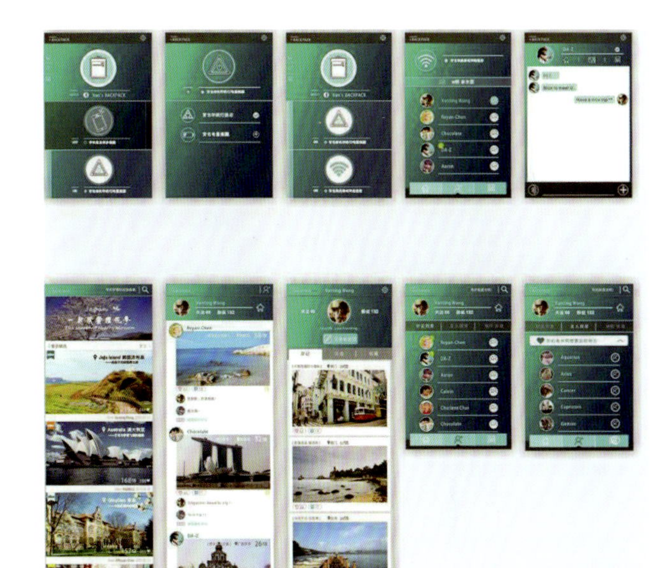

手机 App 应用界面设计

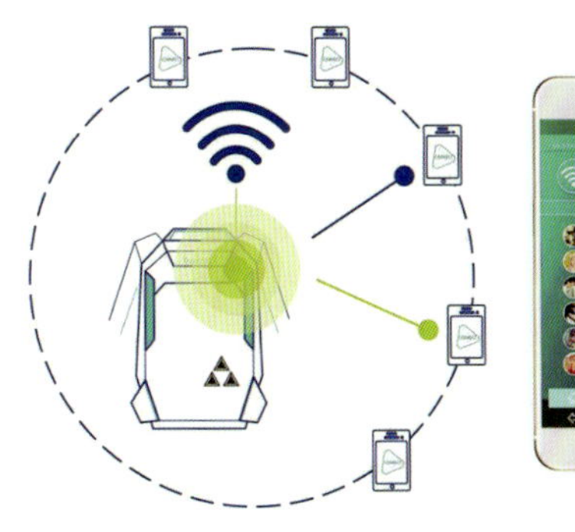

手机 App 应用思路

社区软件

背包功能控制及旅行资源分享平台

Think PACK 让你了解更多,更好地旅行

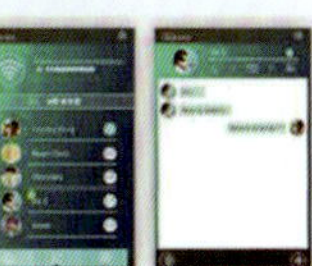

通过手机应用连接个人背包，在界面中选择Think PACK的手机延伸功能选项
你便可以通过Think PCACK的信息反馈中对你的手机状态了如指掌。

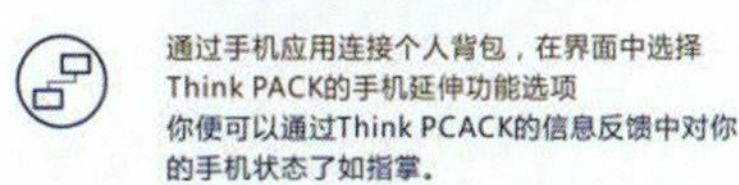

在Think PACK的软件社区中，你除了可以通过网络认识到跟你有相同兴趣爱好的朋友，还可以在社区中得知更多旅行资讯，让你能够了解更多，更好地出行！

你也可以在你的个人主页中分享你精彩的旅行经历，你不仅能收获很多赞，Think PACK 的GPS模块还会贴心地帮你记录下你所去过的地方和你想要去的地方，见证你的旅行达人长成之路！

背包款式设计与制作

设计定位于线条感明显，造型大方、稳重、对称。同时，深化背包的造型，使灯光模块的视觉焦点更为突出。

电脑效果图

草样制作

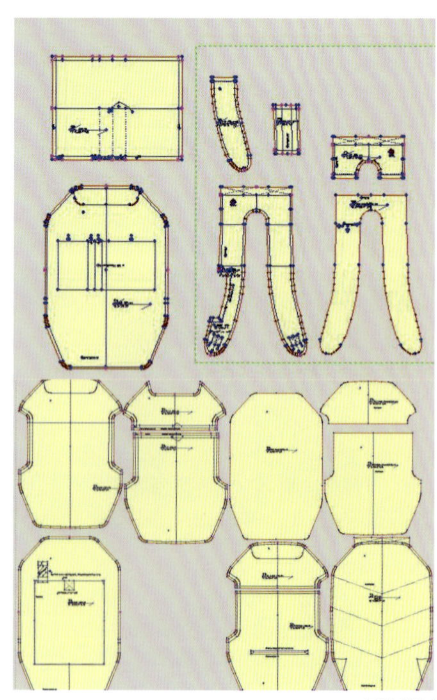

纸格绘制

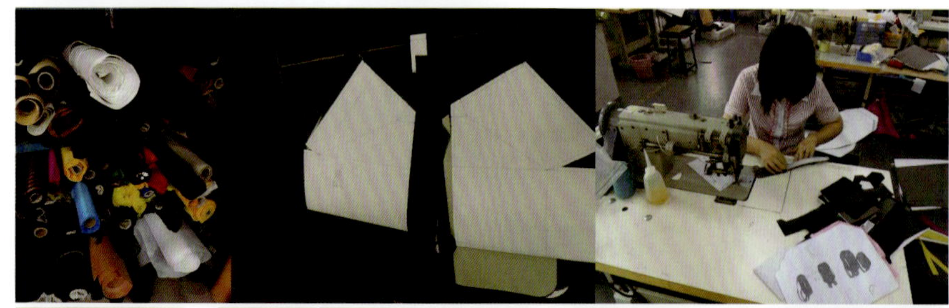

样版制作

控制部分的设计与制作

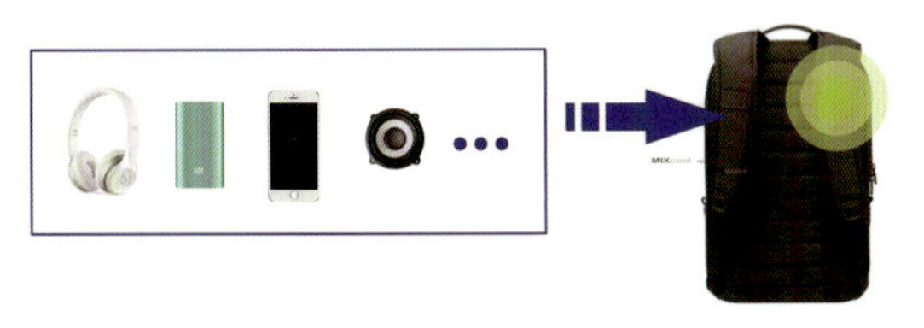

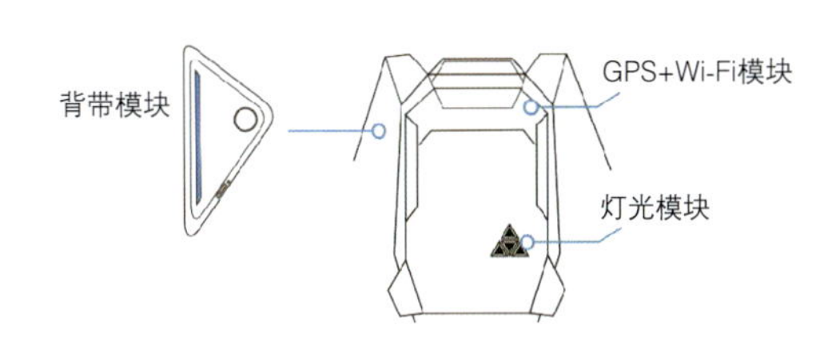

手机和背包信息的提醒均配合灯光模块，实现信息的交流和传递。可以通过背包的扩音器和麦克风模块，实现通话或收听音乐；Wi-Fi 模块主要用于旅途中实现离线的信息交流，可以以独特的方式添加好友，形成临时社交圈并保持通信，甚至可以将 4G 信号转为 Wi-Fi 信号，分享给其他设备；GPS 定位系统记录位置信息、分享路线，还可以在迷路时确保人员的位置；背包内置大容量电源，随时为电子设备充电，提高续航能力。

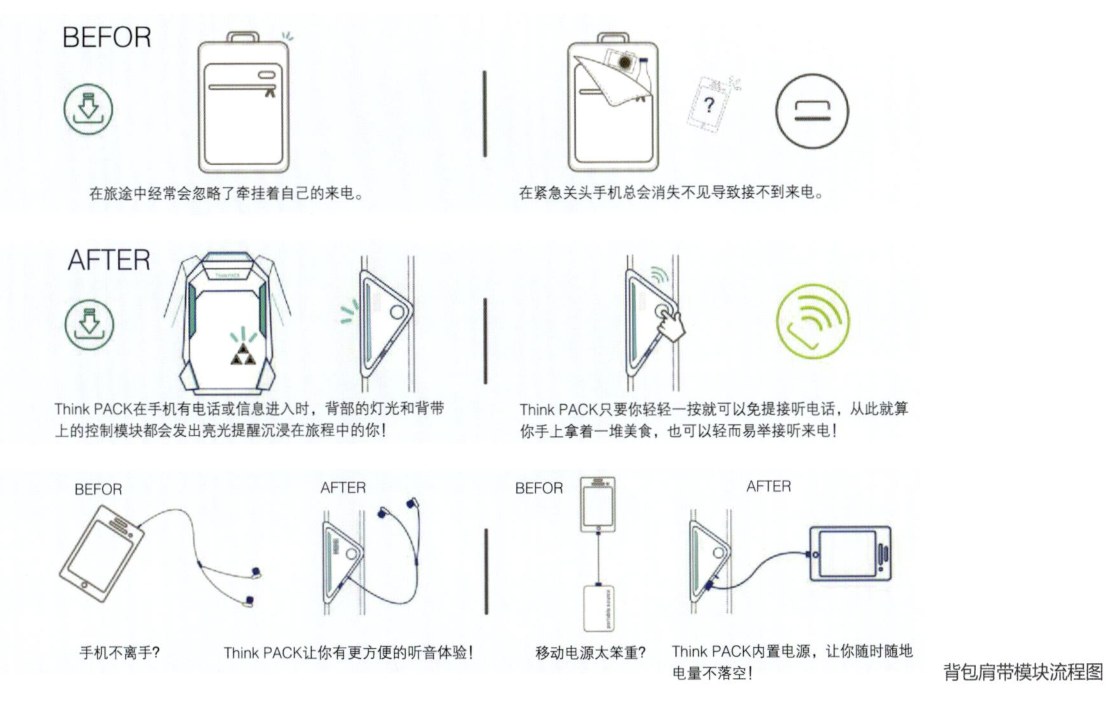

背包肩带模块流程图

样版一：根据设计需求完成信息控制的元件搭建。在全局的硬件搭建起来后，根据电路板尺寸等要求，设计塑料外壳，制作手板。最后将硬件和背包包体组合在一起，进行调试。

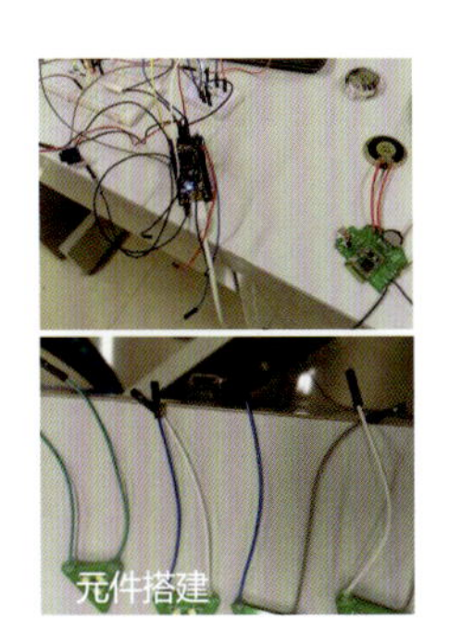
元件搭建

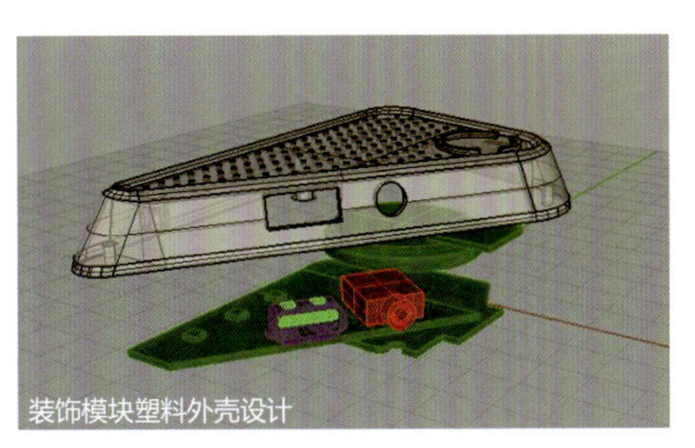
装饰模块塑料外壳设计

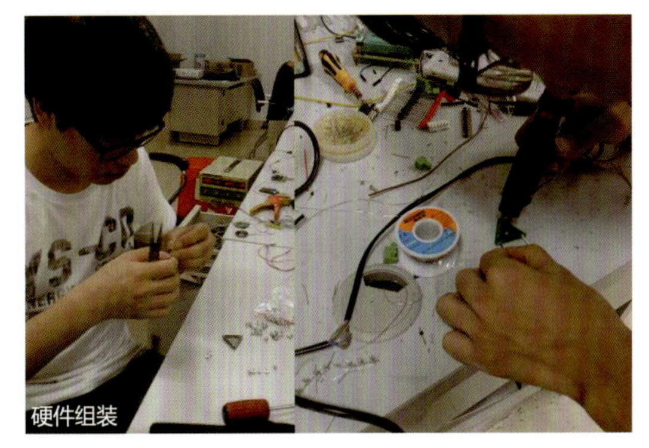
硬件组装

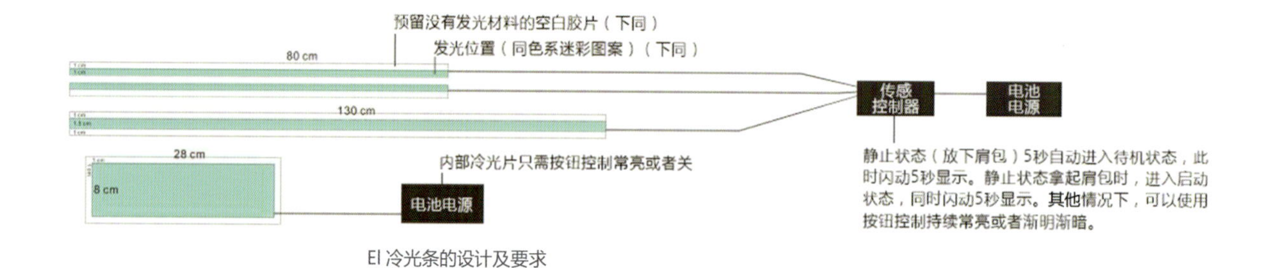

El 冷光条的设计及要求

样版二：与 EL 冷光片专业厂家沟通相关的设计要求，确定 EL 冷光条的尺寸及外观等，然后考虑与包体的连接方式和连接部位。

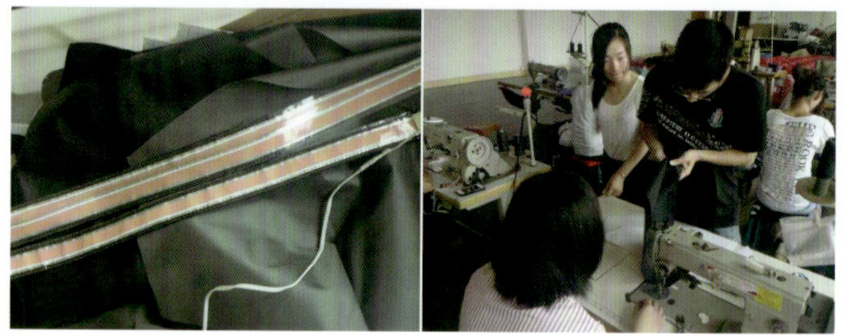

软件编写与调试

根据 App 软件界面设计和功能需求编写应用程序，并与硬件进行搭配调试，模拟社区建设。

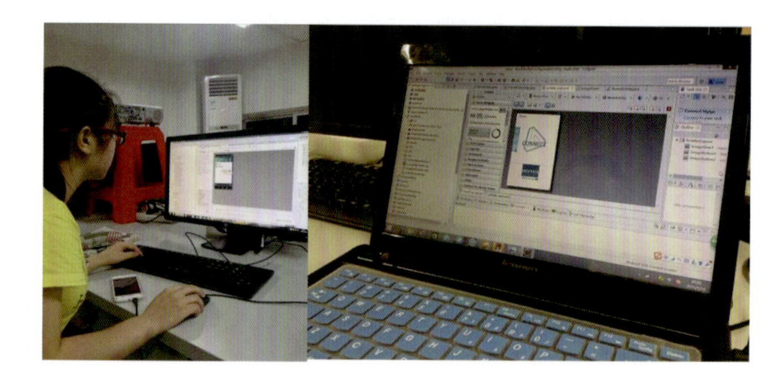

样版一（LED 光源）

最终实物效果

样版二（EL 光源）

该光源的主要特点：一是其轻薄且可裁切的特点可以更好地与背包的不同款式搭配；二是非常适合在夜间或者较暗的环境使用，实现安全提醒；三是低碳节能，拆装简单方便。

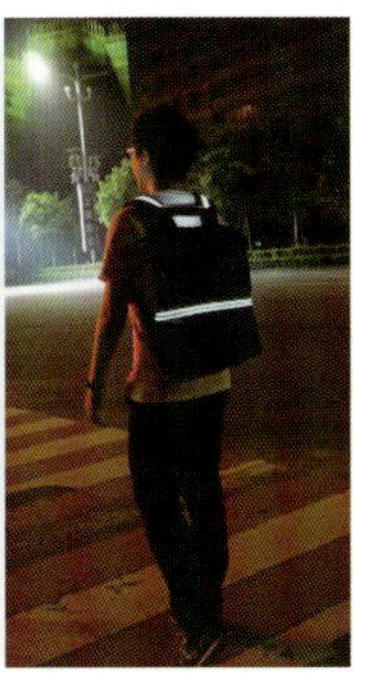

总结与点评

总体来说，实物样版的制作质量基本符合预期。设计方案的功能实现时跨越了产品设计、信息控制、App 编程、社会服务等多个领域，综合性强，具有一定的难度，需要不同背景和领域的伙伴组成团队来共同完成。该案例只是做了初步探索，如何与产业、市场进一步地对接，还需要继续进行方案的深化和改进，可供有志于从事跨领域整合创新的设计师参考。

Answer the phone 接听电话

Battery charge 手机续航

Music control 音乐播放 / 外放

Notification 手机消息反馈——手机短息提醒、手机/背包电量通知、手机与背包安全距离提示

参考文献

[1] 国家统计局 2013 年旅游行业分析报告

[2] 百度文库

前瞻思考：物联网时代的时尚

i Fashion 时尚女士手包设计案例解析

我们正在进入一个新的时代——物联网的时代，人们使用的各种日常物品开始变得更加智能化，通过联入网络可以使手机实现对各种数据信息的整合并实现控制，生活变得愈加便捷。各种智能穿戴产品开始流行，传统的包包未来会变成什么模样？如何创造物联网时代的时尚？

“i Fashion 时尚女士手包”设计案例实践于 2014 年 7—10 月，虽然已经是几年前的设计，但该案例想要给读者传达的是：作为一名设计师需要具备善于反思过去、感知当下、进行前瞻思考和探索的能力。

1 前期研究

对智能时代的思考

苹果开创和引领了智能手机时代，随着科技的不断发展，智能化将会普及到我们生活中的每一件产品，用户对于智能的需求也将在今后几年大幅增长，智能时代已经开启。正如乐搏资本创始人杨宁所说：“在智能一切的时代里，你的手表、你的项链、你的戒指、你的眼镜、你的汽车、你的桌子、你的房子……你的所有终端设备都是智能化的。当通信、收发信息、各类应用和功能成为所有智能装备的标配，请问，你为什么还需要一个装在裤兜里的手机？”

穿戴式设备的特点

智能化产品不再单是作为一个新的产品而存在，而是自然地整合在原本的日常产品中，如智能手表、智能手环、智能鞋子、智能衣服，还有智能眼镜、智能家居等多种不同产品形态。那些曾经的科幻梦，早已是现实。作为下一个创新周期的核心产品，穿戴式设备在功能上应该具备四个特点：数据化、智能化、轻薄化、时尚化。

数据化

随着科技的进步与发展，体现出的数字化进程，从过去图书影像资料的数据化，到互联网时代全球数据量爆发。穿戴式设备的出现实现了将人类生活、运动、身体、思维等信息数据化的功能，进一步刺激数据的产生，并为未来潜在商业开发提供数据基础

智能化

由于数据量的爆发增长，人们在面对纷繁复杂的数据时往往缺乏并行处理能力，智能化的穿戴式设备将为用户决策提供信息支持，成为全面协助个人信息处理与决策的智能化个人助理

轻薄化

穿戴式设备从使用的角度看，由于需要通过穿戴方式，故而对产品的轻薄有较为严格的要求，厚重的产品不能适应穿戴式产品的基本设计要求

时尚化

穿戴式产品相比传统移动电子产品放在口袋、包中，更多时候随身携带，具有更强的个体属性，很多时候将会成为传统穿戴产品如眼镜、手表等产品的替代品，对产品的时尚化要求较高

2 设计定位

i Fashion 设计定位于时尚与穿戴科技的跨界融合，让女性的服饰配件具有时尚与智能的双重审美体验。“i”代表着“Interaction(交互)”、“Intelligent (智慧)” 、 “Internet (互联网)” 和 “爱 (i 的谐音)” 。

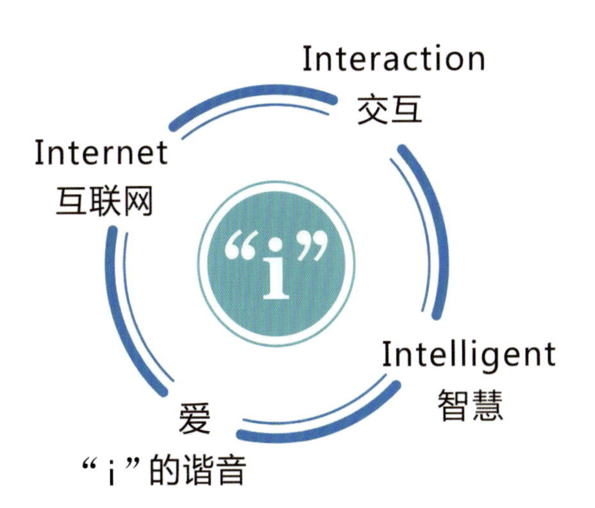

i Fashion 时尚手包——用户自定义个性图案，根据不同使用场景和心情，通过手机 App 的控制实现图案的设定与变换，并能即时提醒用户有手机来电或者信息。

Combine with lighting. Everyday is different...
与灯饰结合，每天都有新的惊喜！

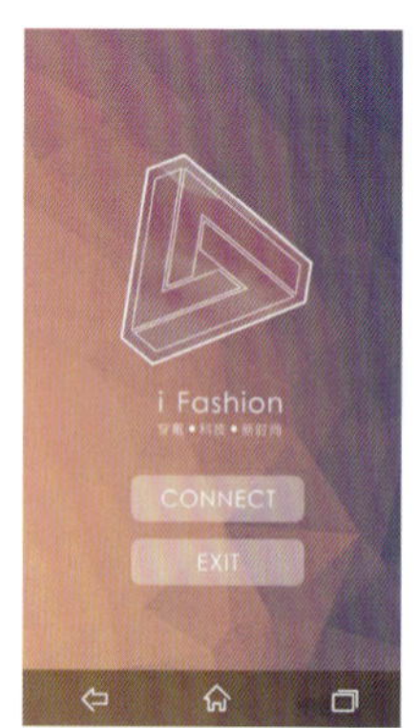

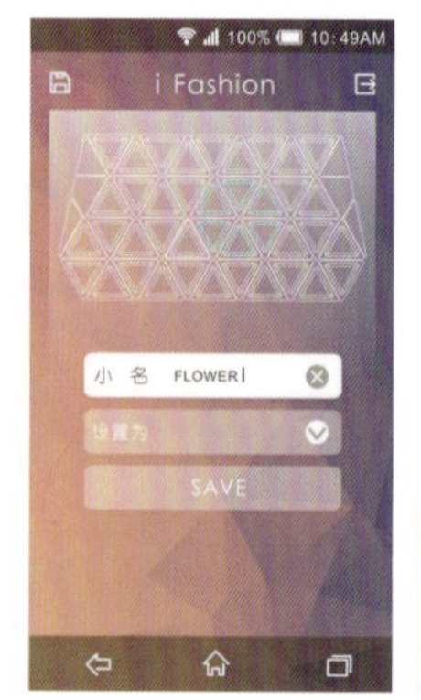

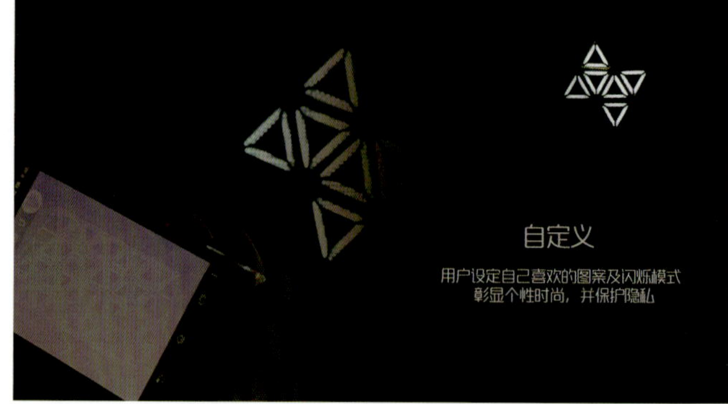

3 手包的设计与制作

概念原型

在前期进行原型探索时，试图打破常规的女包形象，以最基本最简单的二维图形——三角形为基本元素构建整个包体，通过非常规的结构方式来表达 i Fashion 概念的不同寻常，使其具有一定的未来感。

手包

鉴于目前的技术成熟度以及市场普及程度，i Fashion 设计项目前期采用绿色 LED 光源，通过恒流驱动电路，保证 LED 的亮度；通过带蓝牙接口的电路接驳 LED 控制总线。同时在 Android 系统平台开发移动设备软件，通过软件呼叫蓝牙设备来实现 i Fashion 手包正面的画面切换和自定义图片的效果。

随着 OLED 技术的逐渐普及成本下降，未来采用该技术将是本设计项目的最佳选择。OLED 技术的节能、体积小、亮度高的特点能够将 i Fashion 的设计概念进行完美诠释。鉴于时间和配套资源问题，暂无合适的 OLED 厂商与本项目进行对接，因此功能实物（样机）暂且采用 LED 导光的技术方式实现。

手镯

采用穿戴式技术，兼具装饰点缀和信息交互的功能，随时随地便捷、优雅地处理各类信息及控制手机。例如，在工作时可辅助设置手机功能：会议录音、备忘信息、静音、拒接电话等；在出游时，不用因担心漏掉手机消息而不断查看手机；在运动时，可以通过手镯时刻了解自己的心率情况等。

穿戴式交互—时尚包包&功能手镯

interaction - Fashion

Intelligent Bracelet

BEFORE

AFTER

All in one...!

- 学习工作时远离手机网络干扰
- 外出时不用因担心漏掉手机消息而不断查看手机
- 快速录音及时留下备忘录
- 时刻关注心率健康
- 不仅是科技的结合
  更是时尚的结合

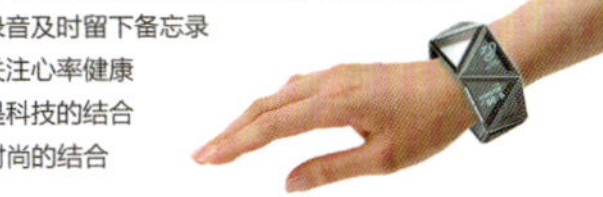

Is not only a technology, but also fashion.

发光模块及控制部分

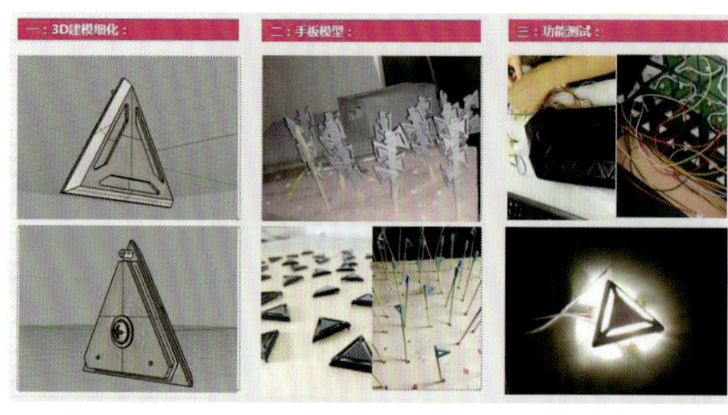

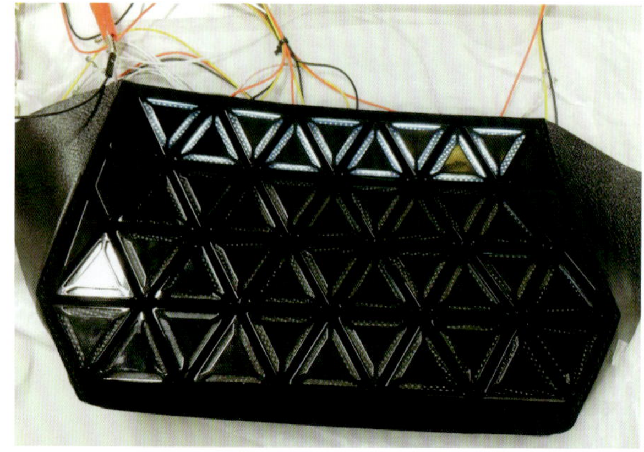

在正式制作发光模块之前，曾制作了一个纯外观的样版，用于检验塑胶件与包体连接结构的设想是否合理。以此为基础，主创设计师召集了结构设计、程序控制方面的工程师进行了多次的讨论，主要解决的问题集中于以下几点：

1. 控制点的数量问题

原概念方案的控制点数量过多，实现难度较大，需要尽量减少控制点数量（指需要控制“亮”和“灭”的每个发光单元的数量），后来增大了三角模块的尺寸并将每个三角模块的独立三边控制调整为整体控制。

2. 发光均匀度和模块超薄结构的矛盾

采用侧面导光结构，电路板和塑胶件前后夹装，包包面料被夹在当中，既解决了发光均匀度的问题也将模块厚度降到只有 4mm。

包体与装饰模块

包体：

采用天然皮革为面料，通过成熟的皮具制作工艺实现包体的基本款型，包括皮料剪裁、车缝、油边等工艺，其关键是控制好尺寸和精度，保证其与三角形装饰模块实现顺利装配，达到预期的视觉效果。

装饰模块：

即包包正面的三角形发光模块，采用石墨烯高导热塑料（LED 应用领域的最新材料）注塑成型、亚克力导光板平面切割，底面为 LED 电路板。在生产加工方面不存在太大难度，其难点在于装饰模块的体积较小，其需要相应的小型元器件和精简的电路与之相匹配。由于装饰模块的数量较多，若投入生产，需要进一步优化结构设计以及与包体的连接方式，以提高装配效率。

App 界面设计及程序编写

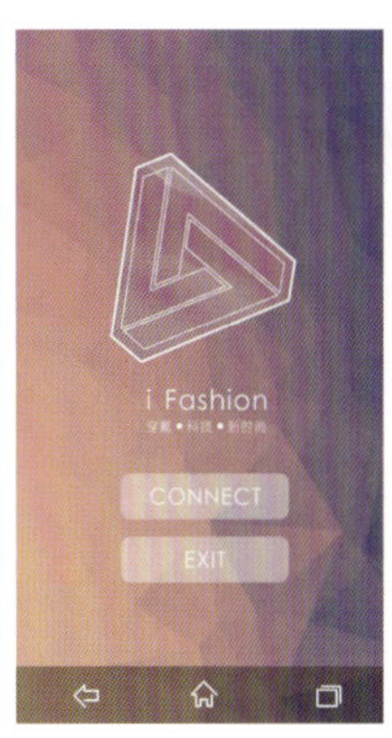

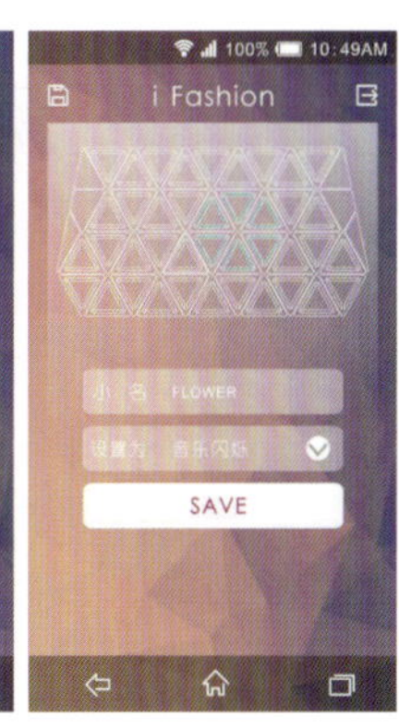

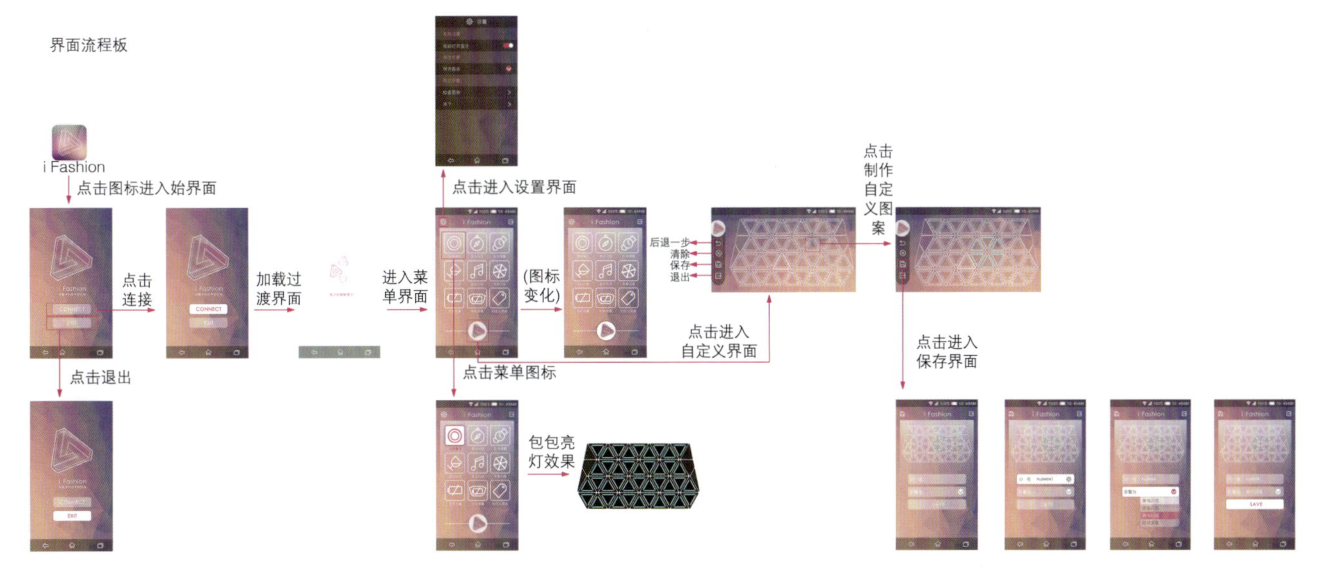

4 价值分析

i Fashion 手包和手镯顺应当今设计潮流，运用现有成熟技术，如LED、蓝牙等，实现了信息传达的个性化、装饰化，是针对女包人机交互与时尚相结合的一次有益尝试。

i Fashion 将 “时尚” 的服饰配件与 “绿色照明(LED)、智能交互” 的概念相结合，这种概念的产品目前在市场上基本空白，其设计理念符合未来技术发展趋势，顺应了时代发展的潮流，具备较大的市场潜力。

i Fashion 面向有个性、有创造力的，愿意接受新鲜事物的现代都市年轻消费群体。手包采用柔软的麂皮材质，表面陈列安装三角形装饰模块，材质搭配形成鲜明的对比，体现低调的优雅和时尚的个性。手包可通过手机 App 设定三角形装饰模块的亮灭，以显示各种图标、数字及装饰图案，随心所欲搭配不同的场景和不同的心情，彰显个性化的独特魅力。

i Fashion 手包和手镯是可穿戴设备领域中的时尚消费品，体现了时尚与科技的融合，在材料和技术的应用上都将探索出新的发展领域。

interaction - Fashion

Intelligent Handbag

总结与点评

功能的创新往往会遇到较为麻烦的结构设计问题，当我们无法找到可以借鉴的案例做参考时，需要自身进行探索和试错，找到更好更简单的办法。该案例中，发光模块的厚度问题似乎解决起来很简单，但也经历了一番波折，作为主创设计师，与不同行业背景的技术人员进行有效沟通、统一思想和相互妥协、平衡各个制约设计的因素，则是解决问题的关键。

虽然只是实现功能样版，还远未到产业化的阶段，但是前瞻性的思考是该案例的核心价值，它就像一个火种，使设计师的创新思想不断燃烧和蔓延。

参考文献

[1] http://tech.163.com/

[2] http://www.cecb2b.com/

功能创新设计作品赏析

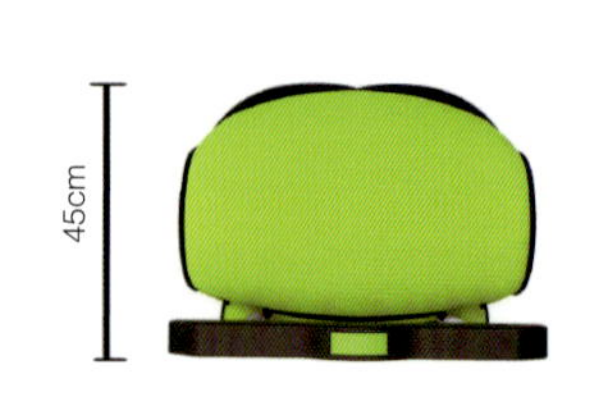

《多功能分类行李箱》

2013 年“丽明珠杯”旅行箱包全国设计大赛一等奖

作者：毛成杰

点评：设计者主要从如何解决行李物品的分类整理展开思考，通过一个平面进行折叠收纳的结构重新定义了旅行箱的使用方式，并以模块化的设计理念将主体与拉杆、脚轮相结合，是一个颇具突破性的创新方案。该设计需要进一步明确设计定位，细化不同类型物品的收纳结构和摆放方式，并考虑如何能更方便地取放行李物品以及密封、安全的问题。

多功能分类行李箱
category suitcases
DISASSEMBLY
EXPANSION
DIRTY CLOTHES
SOCKS
CLOTHES
DRUGS
设计说明
在旅行途中，时间不够充足的时候，自己脏掉的衣物不能和新的衣物放在一起，同时，也能把内衣、袜子、工具、药物及食物等分类来装，可拆卸设计让使用者在旅途中得到更多的便捷。

《太阳能充电旅行箱》

2013 年“丽明珠杯”旅行箱包全国设计大赛三等奖

作者：严子豪

点评：该设计主要考虑为用户解决旅行途中的充电需求，运用了具有环保理念的太阳能充电方式，并增加了智能锁功能，使旅途更加便捷和智能。整体的设计风格和材质搭配比较到位，黑白灰的搭配非常典雅时尚。

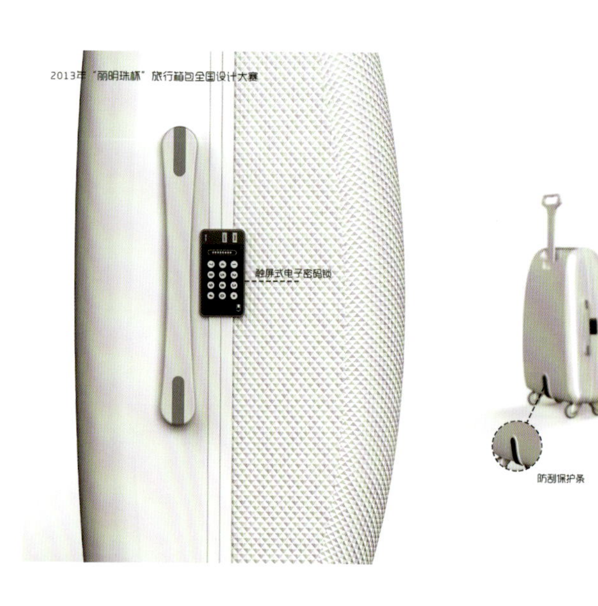

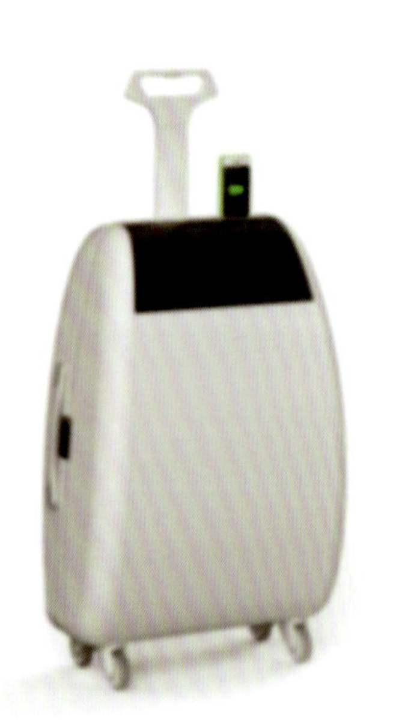

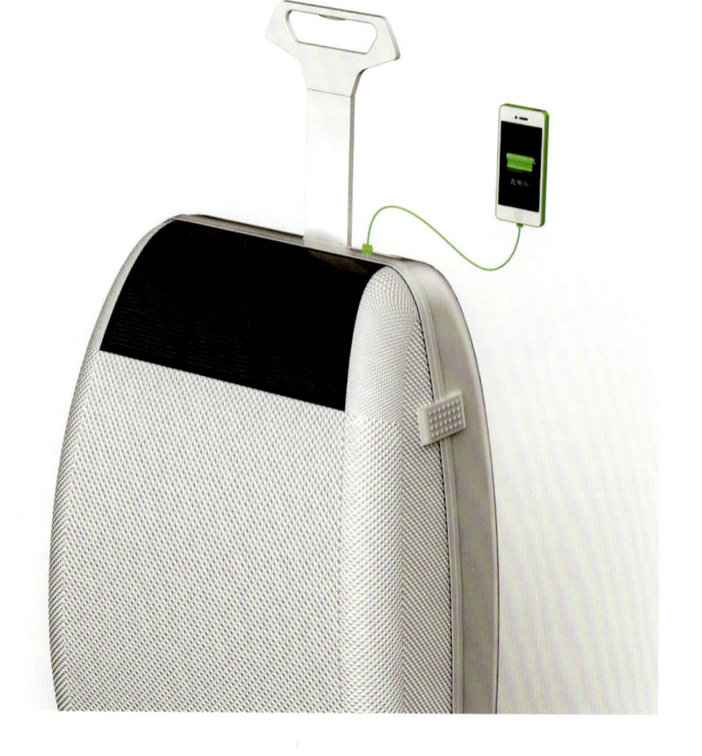

设计说明：外出旅游的时候经常会遇到手机或者平板电脑没电的情况，而这款旅行箱可以利用太阳能转化为电能为你的电器充电。箱包安装了触屏式电子密码锁，令箱包更具安全性。

《汽车行李箱》

2013 年“丽明珠杯”旅行箱包全国设计大赛优胜奖

作者：赵岳峰

点评：该设计从用户特定使用情境和需求出发，大胆构想，突破了设计师对行李箱设计的思维定式，提出了一个全新的设计概念。

能与使用

承载能力较强的底座
可托起较重的物体，实
用性更强。

《多功能承载式拉杆箱》

2013 年“丽明珠杯”旅行箱包全国设计大赛优胜奖

作者：洪增宇

点评：在旅行途中，人们除了行李箱之外，往往还携带有其他物品，该设计从实际出发，提出了一个较为实用的解决方案，如果采用万向轮将会更加省力和便捷，在受力结构方面进一步优化后将是一个实用性较强的产品。

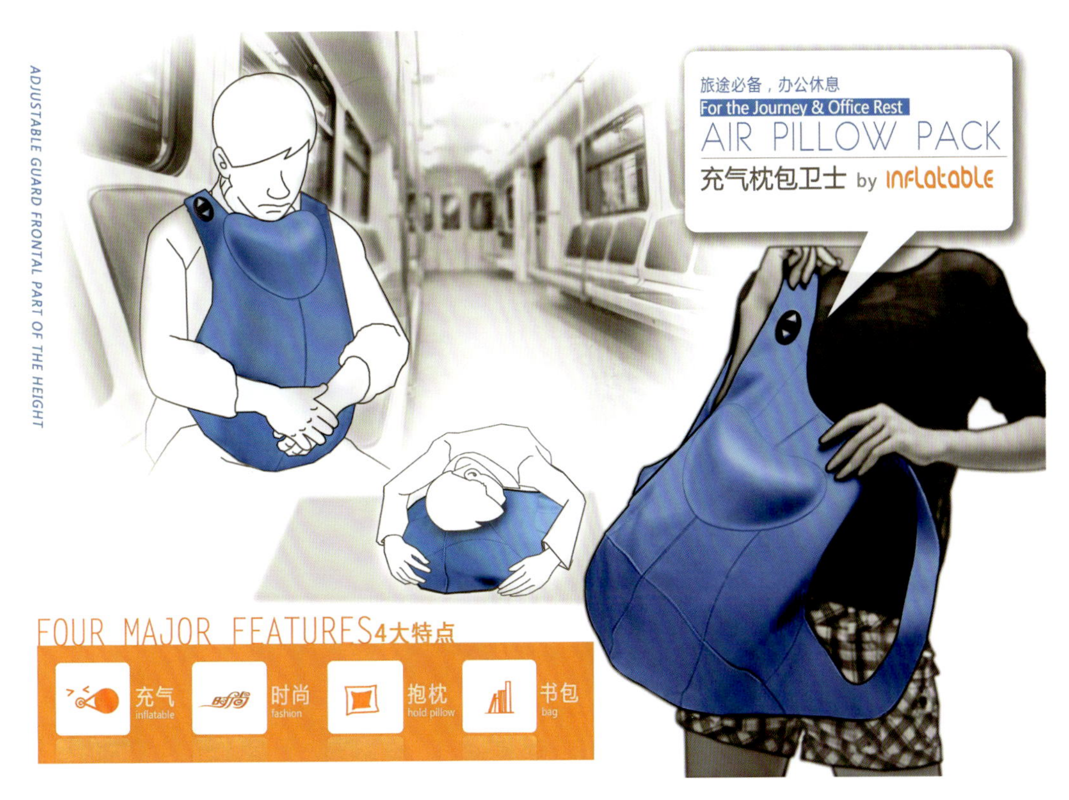

《充气枕包卫士》

2013 年“丽明珠杯”旅行箱包全国设计大赛二等奖

作者： 李耿煜

点评：设计定位非常清晰明确，解决方案可行性非常强。设计者对调研分析、设计方案表达以及故事版描述等非常完整和到位，如果在充气的结构和原理、材料、实物验证等方面能再进一步细化，设计方案将更具有说服力。

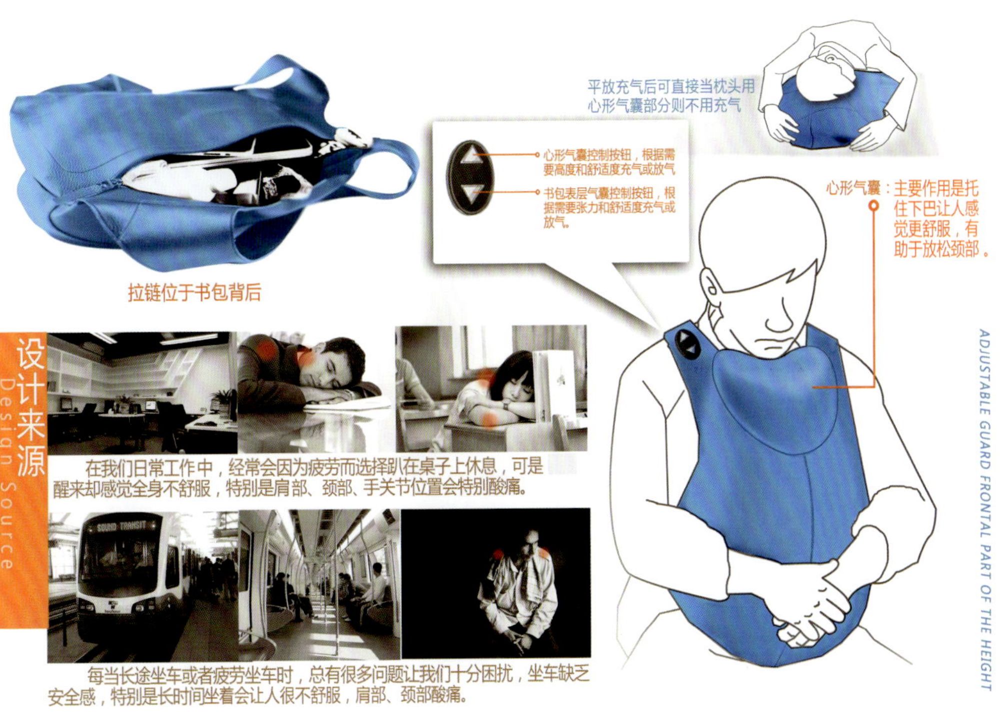

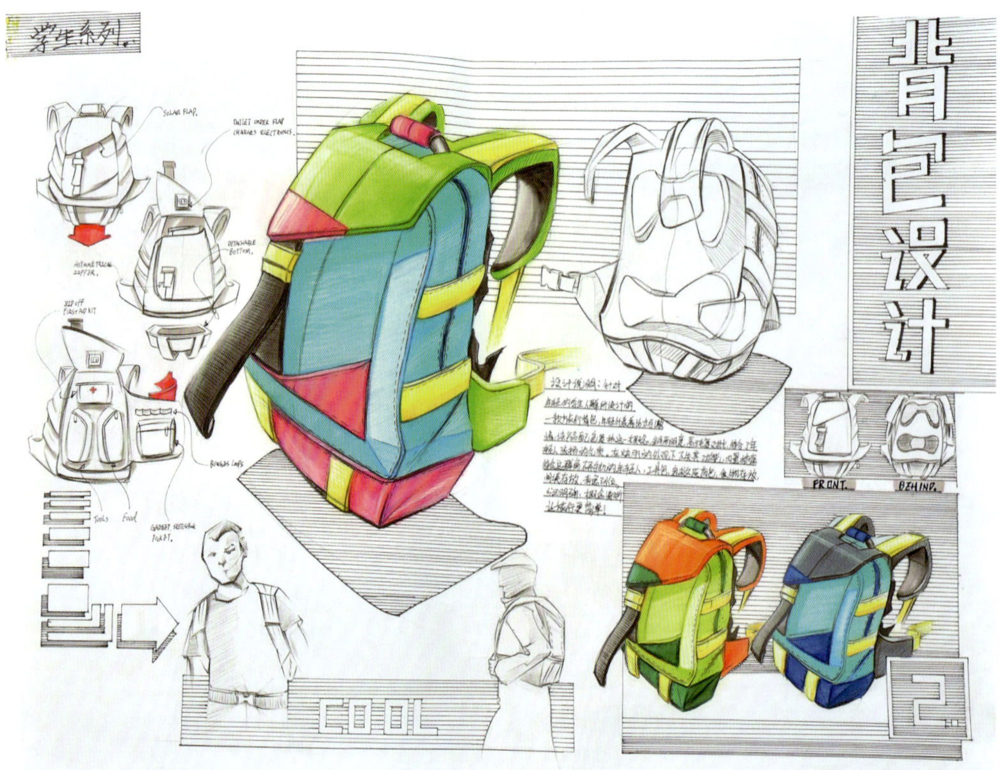

《系列背包设计》

2013 年“丽明珠杯”旅行箱包
全国设计大赛二等奖
作者： 赵岳峰

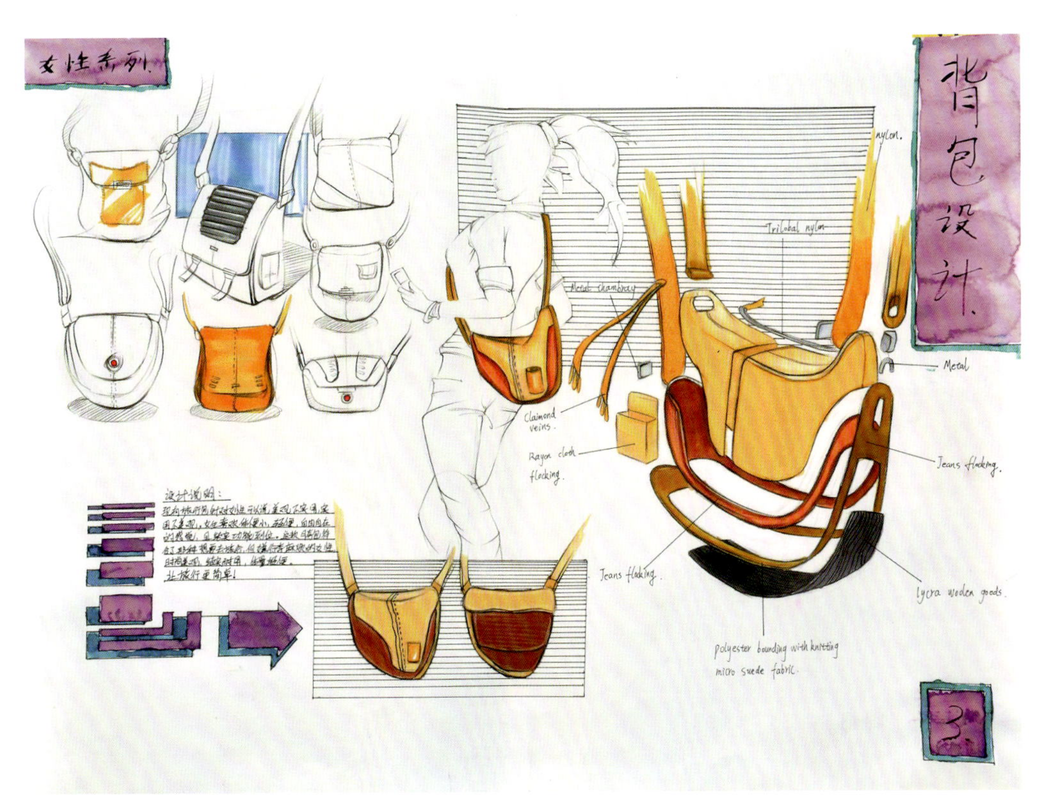

点评：设计者的手绘表达能力非常强，功能定位和款式风格的准确把握也体现了其扎实的设计基本功，值得大家学习。在计算机绘图和表达非常普及的今天，手绘仍然是最直接有效的设计表达方式，若将其与计算机数位板相结合定将是优秀设计师最佳的创意输出方式。

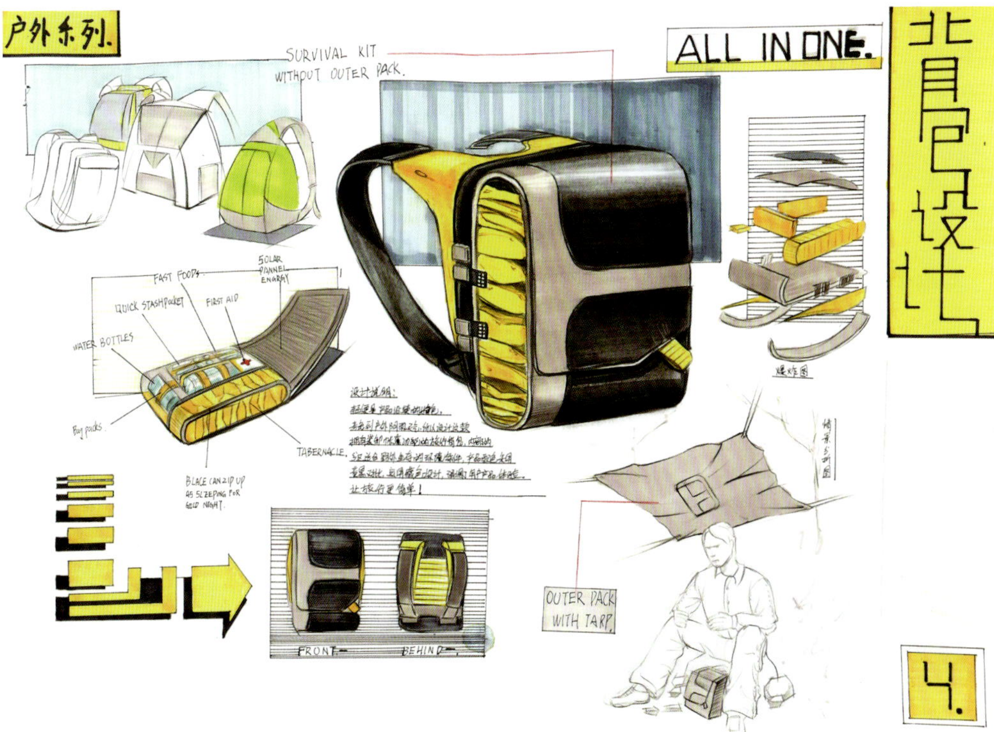

《代步箱包》

2013 年“丽明珠杯”旅行箱包全国设计大赛优胜奖

作者：张月玥

点评：设计方案非常具有想象力，是一个跨界的设计作品，与新秀丽的滑板车旅行箱有异曲同工之处。设计者对于机械结构、功能原理方面的表达非常明晰和具体，体现了其优秀的工程素质。

代步箱包为产品本身带来了革新性的功能突破
代步功能的增加，虽使得产品本身的重量增加
但是对于短途旅行，或是久住旅途
能随身有一款代步工具，无论怎样都是一个不错的选择

《可晾晒衣服的箱包》

2013 年“丽明珠杯”旅行箱包全国设计大赛三等奖

作者：严子豪

点评：设计方案的整体造型时尚美观，独特的拉杆设计能方便晾挂未干的衣物及毛巾，或者晾挂易皱的衣物以保持其平整。若能进一步将干衣功能融入其中，则能带来更佳的用户体验。

《遥控电动旅行箱》

2013 年“丽明珠杯”旅行箱包全国设计大赛优胜奖

作者：朱江

点评：该设计方案的表达较为完整，旅行箱的造型体现了一定的科技感，与其设计定位非常吻合。不足之处是在具体的功能原理和结构方面没有进一步地深入设计和表达。

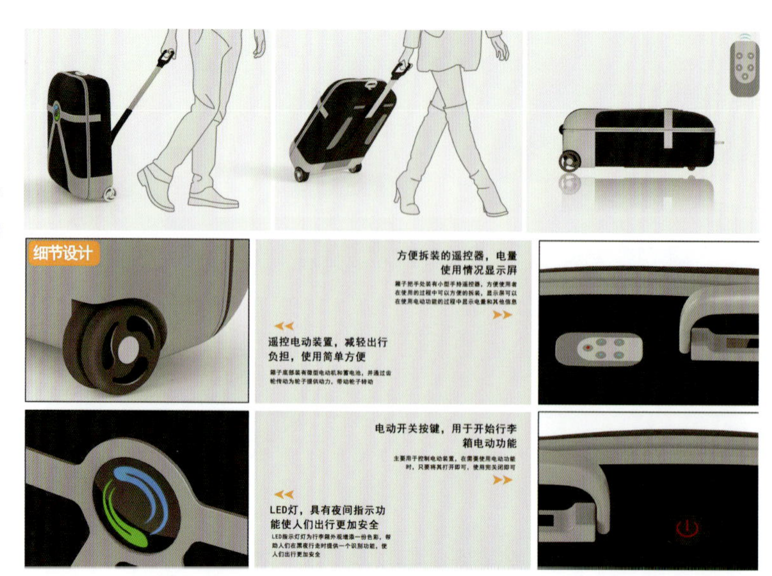

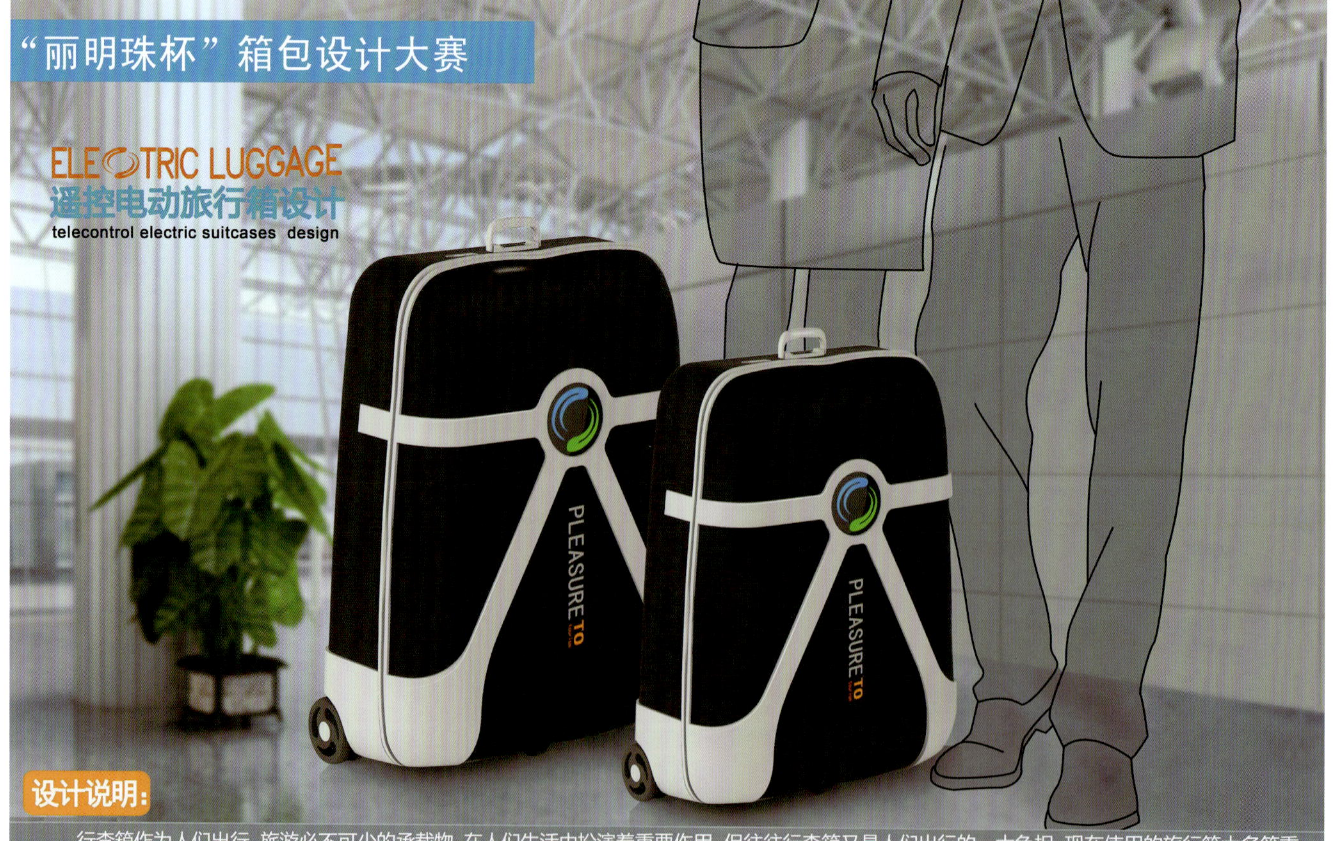

《萤——子母行李箱》

2013 年“丽明珠杯”旅行箱包全国设计大赛优胜奖

作者：张杨 李强 温柔

点评：采用了模块化的设计思路，用户可以根据自己出行行李的多少选择是否携带“子”行李箱，除此之外还加入了绿色荧光装饰，带给使用者更多安全感。整体设计简洁大方，可行性较强。“子”箱和“母”箱整体使用时如何使两者连接更加稳固并保证用户拆卸方便快捷、“子”箱单独使用是否方便，还需要细致入微的考虑。

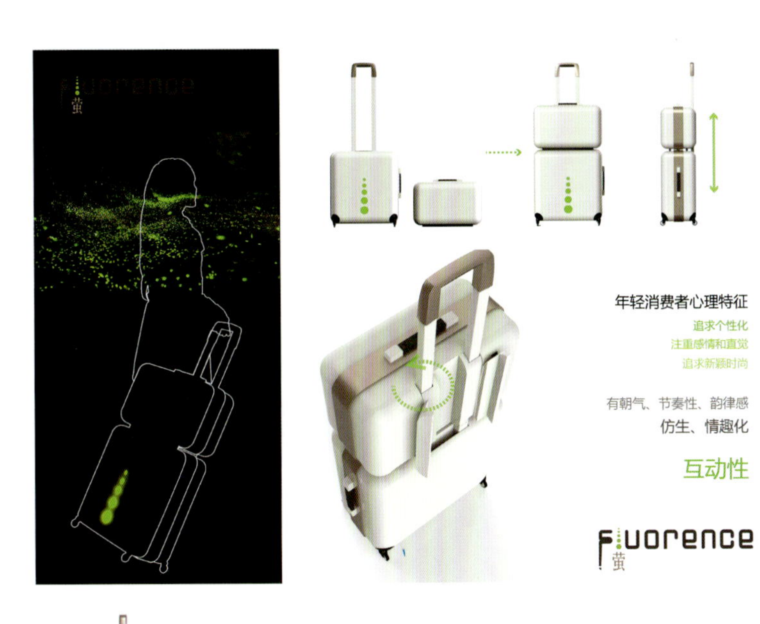

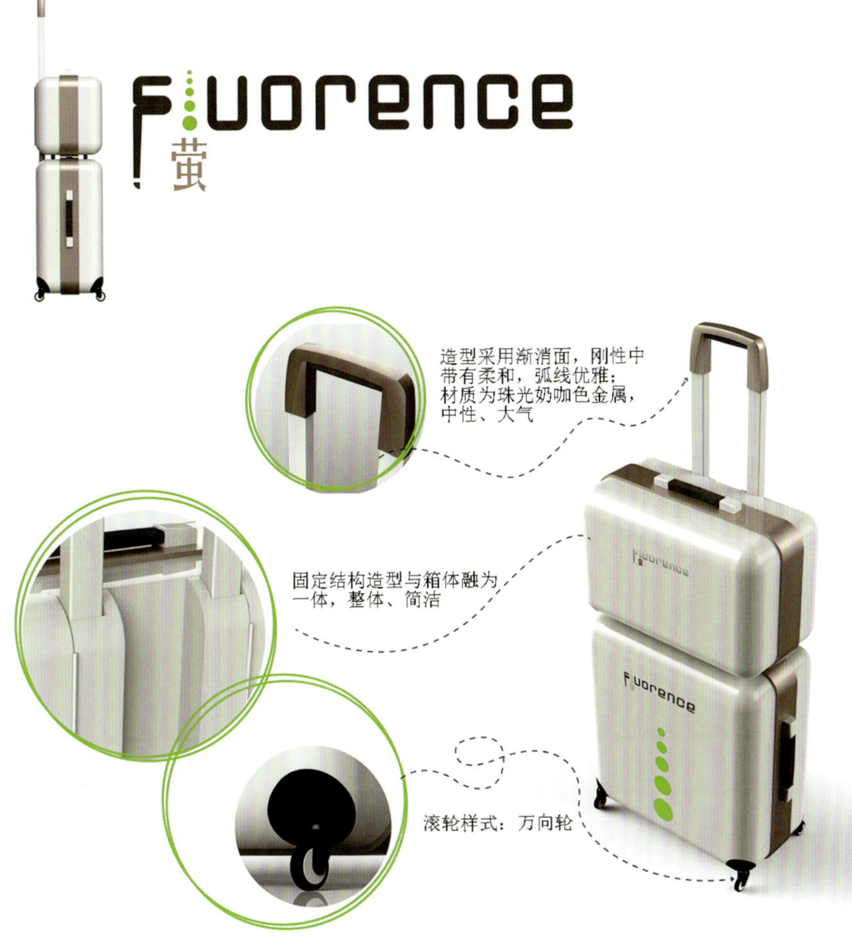

HAPPY INTERESTING

乐·趣儿童箱包设计

2013年“丽明珠杯”旅行箱包全国设计大赛

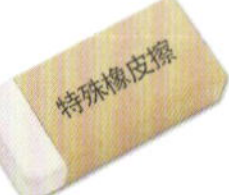

设计说明:

如箱包主题一“乐·趣”二字，我们希望通过这款箱包向每一位孩子传递快乐，并开启有趣的生活。缤纷多彩的颜色搭配；舒适的坐垫和安全扶手，无处不在的设计细节都只为了满足孩子。箱体运用特殊材质制作，孩子可通过特种手绘笔在箱体涂鸦孩子自己喜欢的图案（图案专配有特殊橡皮擦来擦除，其它物品都不能擦除。）令孩子更喜爱自己的箱包。

《乐趣儿童箱包设计》

2013 年“丽明珠杯”旅行箱包全国设计大赛三等奖

作者：严子豪

点评：通过涂鸦的方式使儿童与箱包有了很强的情感交互，采用特殊的手绘笔配上特殊橡皮将会使这一交互方式有更强的用户认可度，好的概念加上恰当的解决方案就是好的设计。

《Easy Bag——户外休闲坐垫包》

2016 全国大学生工业设计大赛优秀奖

作者：甄锦颖

点评：该设计运用了简单的折叠和连接结构，实现了多功能的用途，既时尚又实用。建议进一步明确应用场景，以便在结构上继续改进，例如设计更加稳固可靠的连接结构，设计内胆和多个插袋等细节。

01 设计说明 Design concept

1.这是一款户外休闲坐垫包，针对喜欢进行户外阅读、散步、郊游赏景、去海边等活动的女生设计；
2.不需另外携带坐垫，只需要用这款包包装上需要的物品，如一本书、一些零食，到想要停留的地方；只需解开磁钮，就可得到舒适干净的一块坐垫，进行小型野餐、户外阅读等活动，包内设有暗袋，可放置贵重物品而不必展露出来。
3.离开时，只需合上磁钮，坐垫就会立刻变回包包，很轻松就可收拾完毕，提上包包离开。
4.所用布料是无纺布和防水布，舒适干净。
5.平时逛街也可以作为普通包包使用。

02 使用展示 How to use

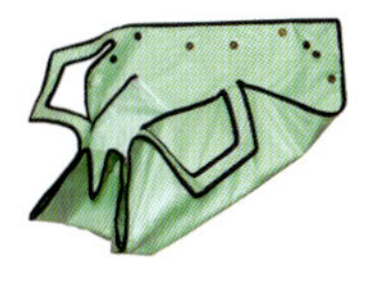
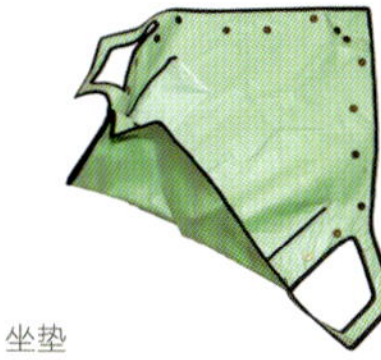
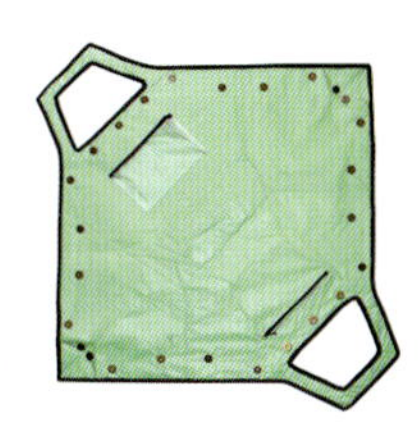

包包 ⇄ 坐垫

03 情景展示 Scenarios show

与朋友郊游赏景、进行小型野餐和户外阅读

海边娱乐

闲时逛街

包里可放置的物品

04 细节尺寸 Details&Size

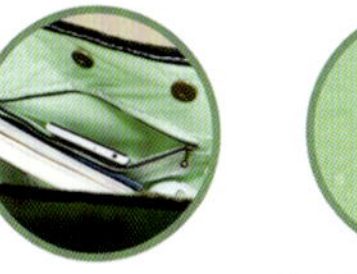
设有插袋和暗袋方便实用

里层为浅绿色无纺布
外层为防水半透明布
舒适、易清洁

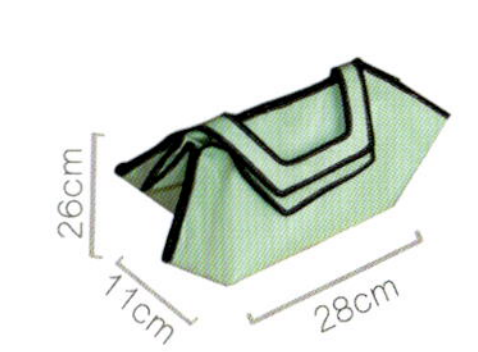

《Tool backpack》

2016 全国大学生工业设计大赛广东赛区一等奖

作者：唐灵颖 邓晓虹

点评：通过简单的拆装结构巧妙地将产品在工具包和围裙之间切换，非常实用，创意十足。若能够将使用人群进一步细分，例如手工皮具师傅、电工师傅等，设计出更有针对性的工具收纳方案就非常完美了。

TOOL BACKPACK

TOOLS APRON BACKPACK DESIGN

工 具 围 裙 背 包 设 计

设计说明：

据调查，市面上的工具围裙存在不便携带的缺点，这给建筑设计师和工人等带来很大麻烦。针对这个问题，设计了一款可折叠成包包的工具围裙，既美观又方便携带工具。工作时，穿戴这款工具围裙方便工具的随时拿取和使用，可提高工作效率。

功能介绍

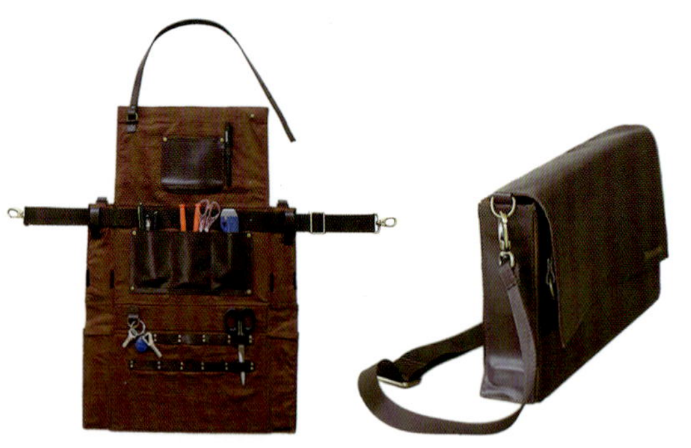

展开为工具围裙
Open the bag into a tool apron

折叠后为单肩背包
After folding into a single shoulder bag

背包内部规划
Bags inside

制作过程

发现问题
（工具围裙携带不便，
而工具包拿取工具不便）

草图绘制

做草模

选材，配色

出纸格

制作

操作演示

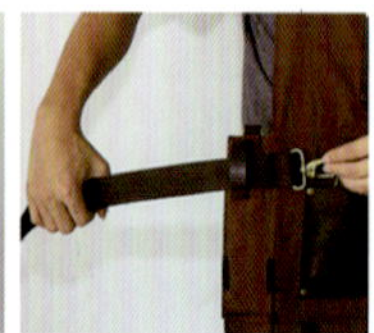

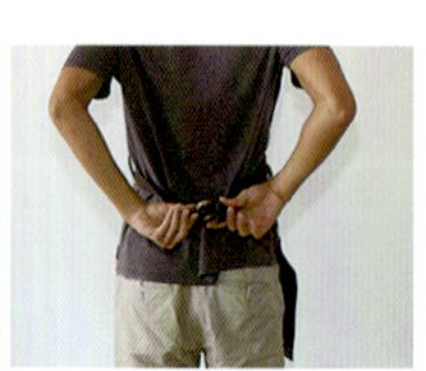

《组合型运动肩包》

作者：陈昭

点评：该设计可谓是颇具个性和创意，将一个普通的双肩背包从中间一分为二，即得到两个单肩包。在组合使用时，可以通过打开连接面专门设置的拉链达到内部空间的互通。两个部分在面料的选用上既有区分又有协调感，达到了对立和统一的平衡。建议在内部收纳方面两个单肩包有一定的区分，满足用户不同用途的需要。

《Raincoat-bag》

2016年广东省第八届"省长杯"概念组铜奖

作者：吕旭涛

点评：设计者从学生群体的实际需求展开思考，解决单车骑行途中临时性的避雨问题，将用于遮雨的透明材质与背包相结合，并在材质搭配上达到协调和美观的效果，是非常好的设计思路。

《Sorting-bags》

2016 全国大学生工业设计大赛广东赛区二等奖、广东省第八届“省长杯”概念组铜奖

作者：林如龙 石嘉伟

点评：该设计定位于短途旅行，解决衣物和其他物品的分类问题。在包包前幅设置单独的收纳挂袋，在包包挂放时充当小衣橱的功能，方便用户取放衣物。设计方案简单易行，在基本不增加生产成本的前提下，实现了使用方式的革新，增加了产品附加价值。

Description of Design

Sorting-bags 通过对单肩包表面的分件化处理和三个特殊缝制槽的组合表达，让其实现对包内空间的合理有序使用，从而解决短途旅行中衣服与其余物品混放的困扰问题。当到达酒店后，把sorting-bags前幅打开，此时袋子即起到当收纳挂袋和小衣柜相结合的作用。搭配糖果色彩可使sorting-bags更受青睐。

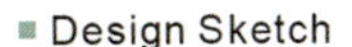

■ Using Bags

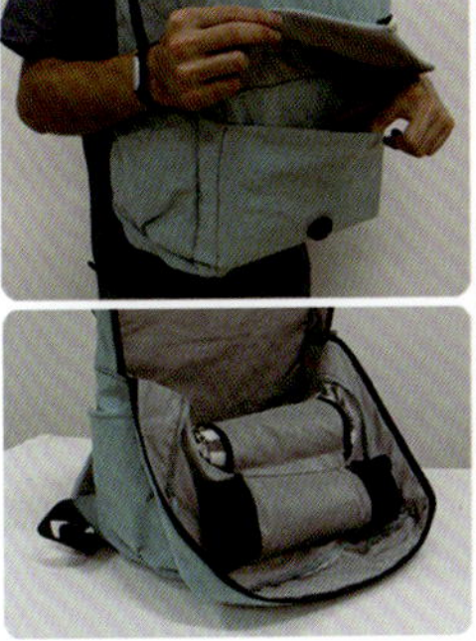

拉杆箱产品设计问卷调查

基于粗糙集的设计规则研究

校企合作模式研究

设计师访谈

第四篇
产 + 学 + 研

拉杆箱产品设计问卷调查

问卷调查是一种常用的调查方法和数据收集手段，箱包皮具产品的设计师可以通过该方式帮助自己了解消费者及市场，为设计开发寻找切入点，获取和挖掘值得参考的信息，开阔设计思维。本调查以旅行箱产品的问卷调查为例，通过向消费者发放调查问卷，进行客观的统计分析，并以此提出相应的设计建议或依据。

1 问卷调查背景信息

调查目的：了解各类人群购买和使用拉杆箱的情况，为产品设计提供科学依据。

调查时间：2016 年 10 月 27 日至 2016 年 11 月 4 日。

调查对象：社会各个年龄阶段、各个阶层用户或者潜在用户，以年轻族群为主。

调查方式：在线调查为主，线下纸质调查为辅。

问卷回收情况：共计发放 1000 份问卷，回收有效问卷 710 份，其中男性受访者完成 338 份，女性受访者完成 372 份；全部有效问卷中学生受访者完成 487 份，占 68.5%，其他职业受访者完成 223 份，占 31.5% 。

2 调查对象描述统计分析

根据收集数据得出结果，受访人数 710 人，男女比例约为 1:1。可是从整体的数据调查发现，问卷调查的受访者大多数是 15~25 岁的年轻人，占 80%，样本人群分布并不均衡，呈现明显的偏态，有一定的片面性。统计显示问卷调查对象中学生占 68.5%，其次企业人数占差不多 20%，自由职业 8%，在家待业 2%，已退休 1.5%。就年轻用户旅行箱设计偏好而言，数据还是有很大的研究价值的。

被试结构	男	女
人数	338	372

选项	统计情况
A.15~25 岁	564
B.26~35 岁	80
C.36~45 岁	45
D.46~65 岁	14
E.65 岁以上	7

选项	统计情况
学生	487
企业一般员工或基层管理者	119
企业中高层管理者或负责人	23
自由职业者	54
在家待业	15
已经退休	12

3 调查数据统计分析

您的家庭有几个旅行箱？

A.0　B.1　C.2　D.3　E.4 个及以上

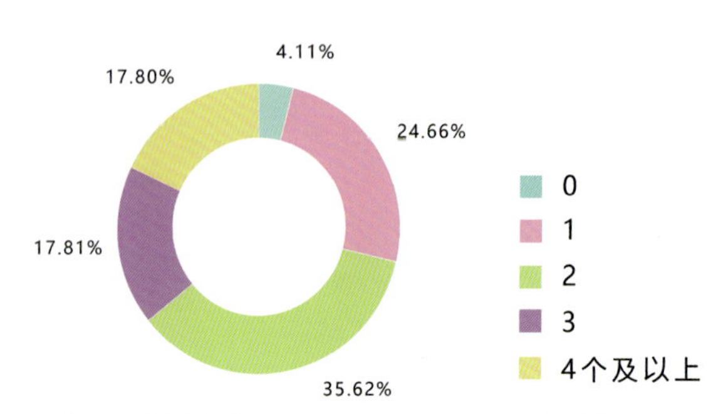

从调查的数据来看，没有或者仅有 1 个旅行箱的被调查者占了总家庭数的 27%，也就是说超过 7 成的中国家庭拥有 2 个或者 2 个以上的旅行箱，由此可见，当前用户旅行箱需要主要表现为细分市场专业性需求，补偿现有旅行箱不足的需求等再次购买需求。

您拥有的旅行箱的价格是多少？

A.0~100元　B.101~300元　C.301~800元　D.801~4000元　E.4000 以上

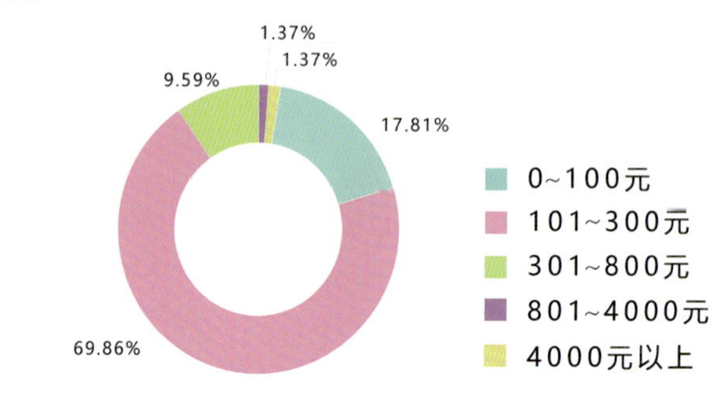

调查数据显示，69.86% 的旅行箱价位在 100~300 元之间，高端消费需求仅占 2.74%。对在校大学生而言，要将拉杆箱的成本控制在大众市场价格范围内，低成本设计驱动创新的空间很大，在成本控制的同时，满足大学生等各类人群的特定需求。

您一般习惯在哪里购买旅行箱？

A. 网上　B. 专卖店　C. 百货商场　D. 厂家直销　E. 机场免税店　F. 国外商店　G. 其他

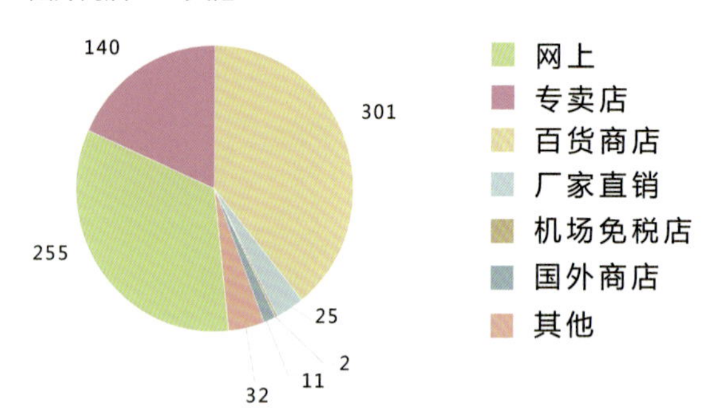

百货商店和专卖店购买旅行箱的为主，只有 33% 的受访者是在网上购买的。可见旅行箱销售仍以实体店销售为主，线上销售占比重不大，旅行箱的功能细节设计、品质感设计、购买体验设计以及卖场展示效果设计非常重要。

您购买旅行箱时会考虑品牌吗？

A. 一直　B. 经常　C. 偶尔　D. 较少　E. 从不

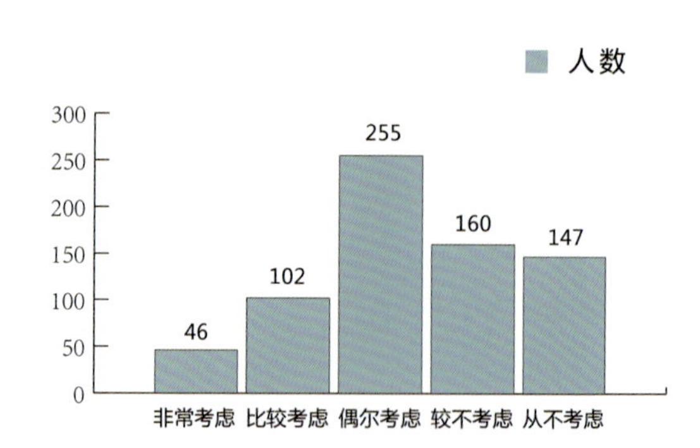

调查采用问卷量表的方式，购买旅行箱时偶尔考虑品牌的人是最多的，有 255 人；按照五级量表得分计算，旅行箱品牌意向得分为 2.63，反映出以在校大学生为主体的人群，旅行箱的品牌意识相对薄弱，此类人群在购买旅行箱时较少考虑品牌。

您使用旅行箱的频率？

A. 从不　B. 较少　C. 偶尔　D. 经常　E. 一直

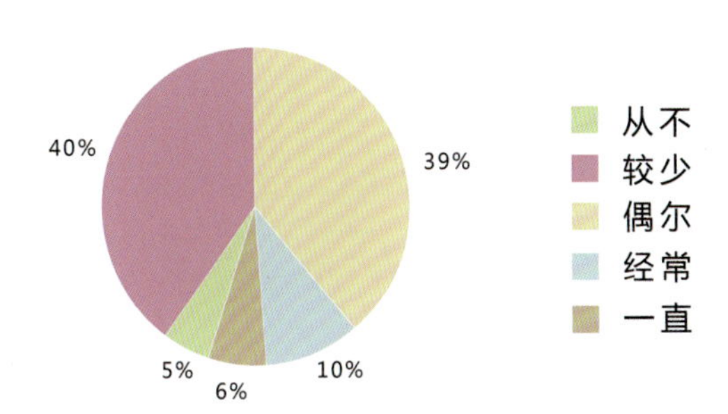

数据统计显示，在使用旅行箱频率的问题上，较少使用和偶尔使用的人数占主体，其中较少使用和偶尔使用的人数几乎相等，5% 的人从来不用旅行箱。鉴于旅行箱使用的频率比较少，但绝大多数还是会使用，所以旅行箱是使用频率不高的必需品，因此为共享设计、服务设计提供可能。

您连续使用旅行箱外出时间大概是？

A. 一天内　B. 三两天　C.1 周　D.1~2 周　E.3~4 周　F. 一个月以上

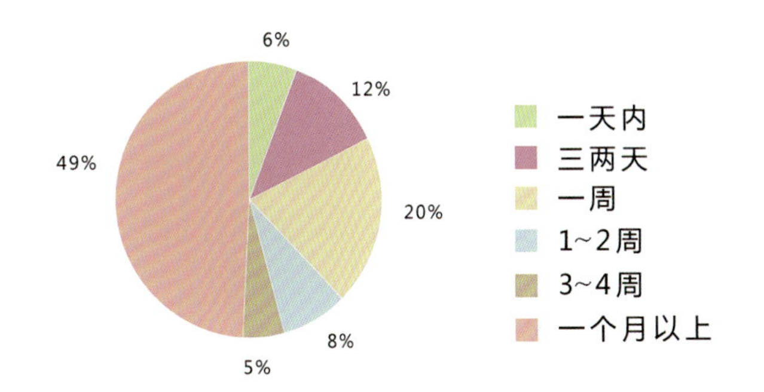

数据统计显示：在使用旅行箱周期的问题上，几乎一半的受访者使用周期在一个月以上，38% 的人使用周期在一周以内。所以可以根据旅行箱短期使用、中期使用、较长周期使用配置不同功能，开创新的蓝海市场。

您喜欢旅行箱的设计风格？

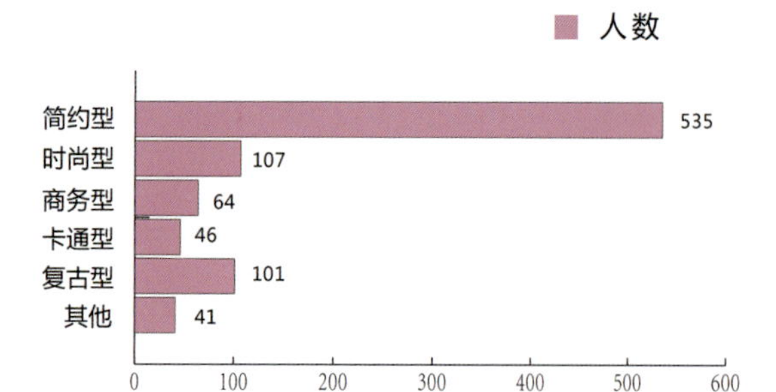

调查数据显示：超过一半的受访者更倾向简约型的旅行箱。在时尚潮流的当下，简约的线条更符合大众的审美要求，人们不再追逐五花八门的复杂造型，更趋向于平缓、简单、大方的款式。

您喜欢什么类型的旅行箱？

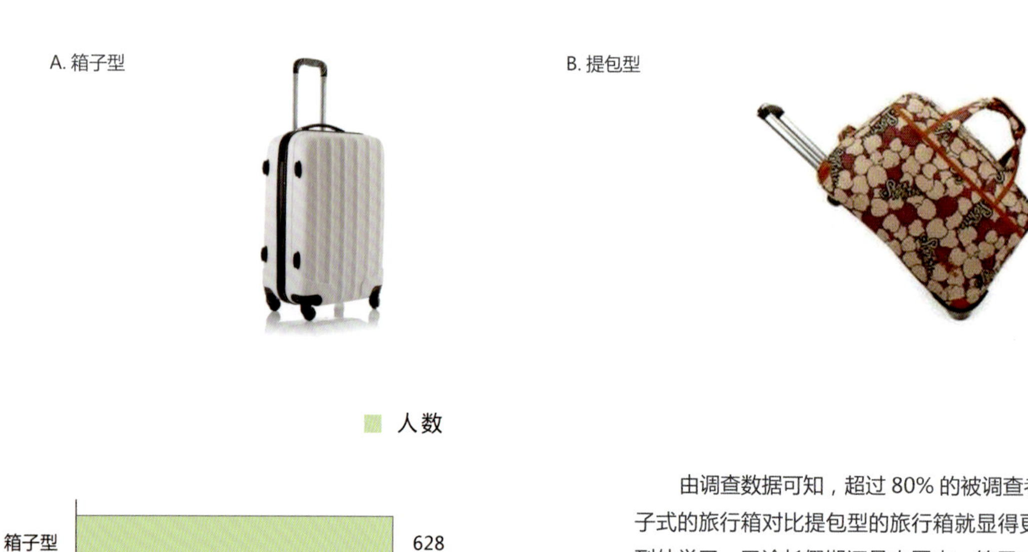

由调查数据可知，超过 80% 的被调查者喜欢箱子式的旅行箱。箱子式的旅行箱对比提包型的旅行箱就显得更方便更省力。出门旅游、到外学习，无论长假期还是小周末，箱子式的旅行箱能携带更多的衣物物品，也为用户减少不少的负担。说明如果定位相对年轻的用户群体，箱子型旅行箱显然受众更广。

您喜欢什么材质为主的旅行箱？

A. 布类　B. 皮质类　C. 塑料类　D. 金属类　E. 木质　F. 其他

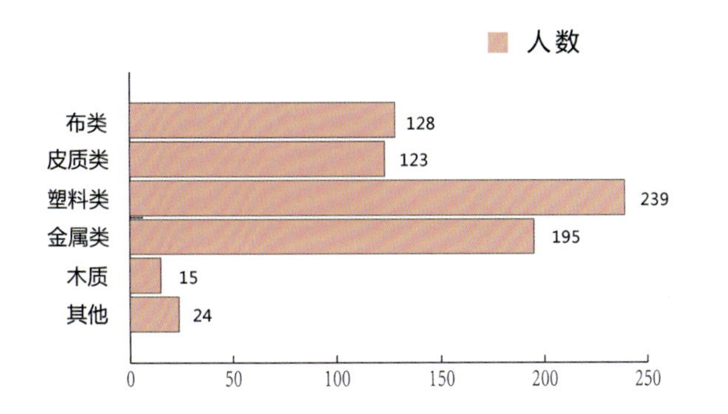

数据统计显示，年轻群体对塑料材质为主的旅行箱接受度很高。原因探究：生产易成型，原材料容易获取，生产成本较低，可以做到大众都能接受的价位，并且表面视觉效果较好。另外金属类也比较受欢迎，金属给人感觉相对坚硬可靠，耐用。建议在设计时可以将两种材料做一个结合。

您喜欢什么表面效果 / 肌理的旅行箱？

A. 光滑　B. 磨砂细纹　C. 拉丝纹　D. 浅浮雕纹理　E. 比较深浮雕纹理

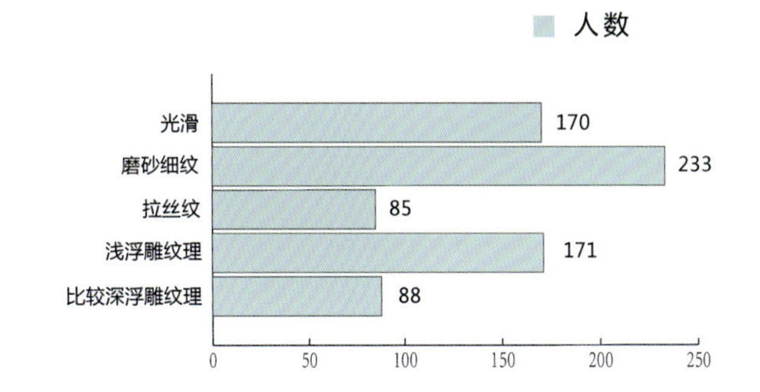

旅行箱的表面设计中大多数受访者偏向于磨砂细纹。原因探究：这样的细纹会显得比较低调有质感，又不显得单调。再看其他选项，光滑和比较浅的浮雕纹理也是比较得人心，其中浅浮雕纹理的设计造型上比磨砂要突出一些，在设计时可以在表面表现度上注意。

您希望您的旅行箱属于什么色系？

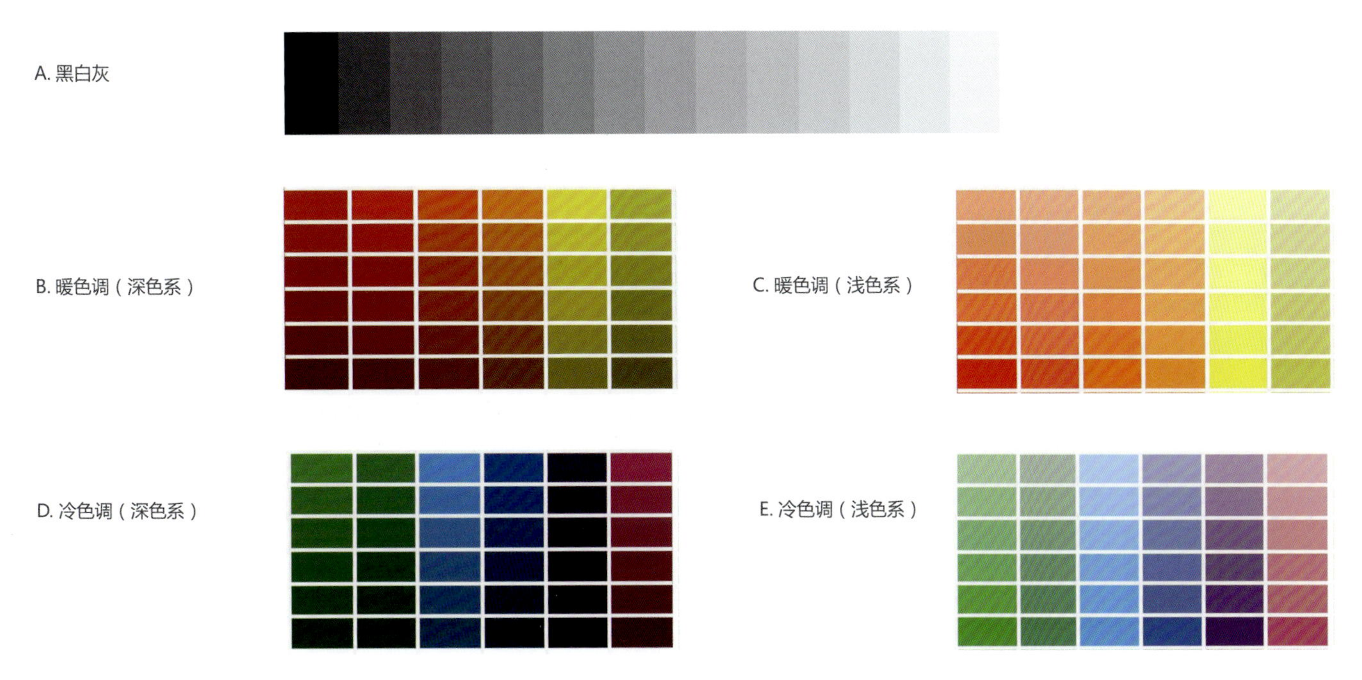

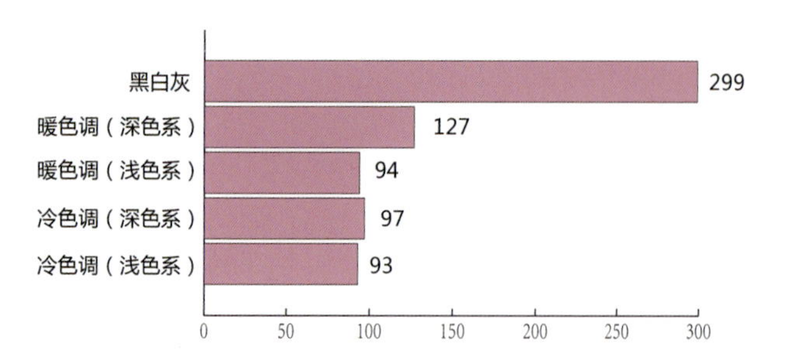

旅行箱用户色彩偏好以黑白灰色系为主，其他冷暖色系深浅颜色都有人喜欢，说明旅行箱就色彩而言，在主流的黑白灰色系之外，已经日益个性化，各种颜色的色彩都有人喜欢，旅行箱设计可以更大胆地进行配色处理。

您希望您的旅行箱袋子的数量是多少？

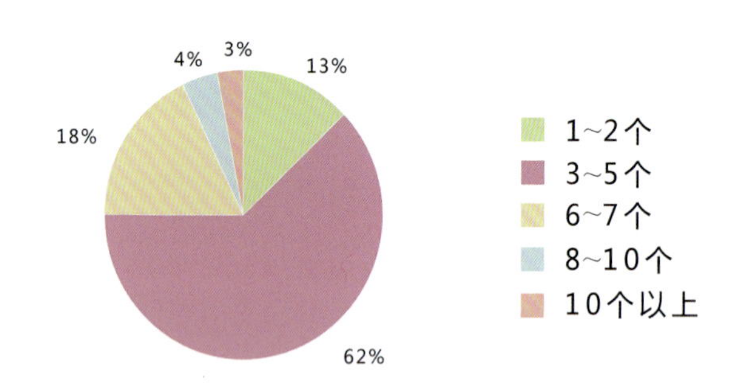

A.1~2 个　B.3~5 个　C.6~7 个　D、8~10 个　D.10 个以上

据数据所示，从整体袋子的需求量上来看，需求 3~5 个袋子的用户占一半以上。

您喜欢什么开合方式的拉杆箱？

A. 拉链

B. 密码扣

C. 连接扣

D. 其他

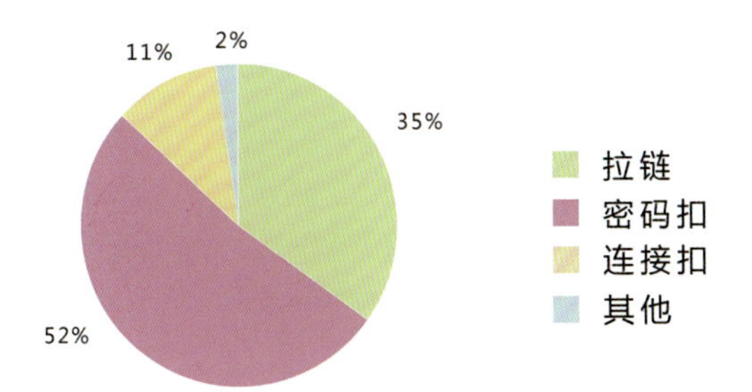

调查显示，在开合方式的选择上，喜欢密码扣和拉链的受访者占样本的大部分，用户一般不喜欢烦琐的开启方式。

旅行箱的拉杆您更喜欢哪种形式？

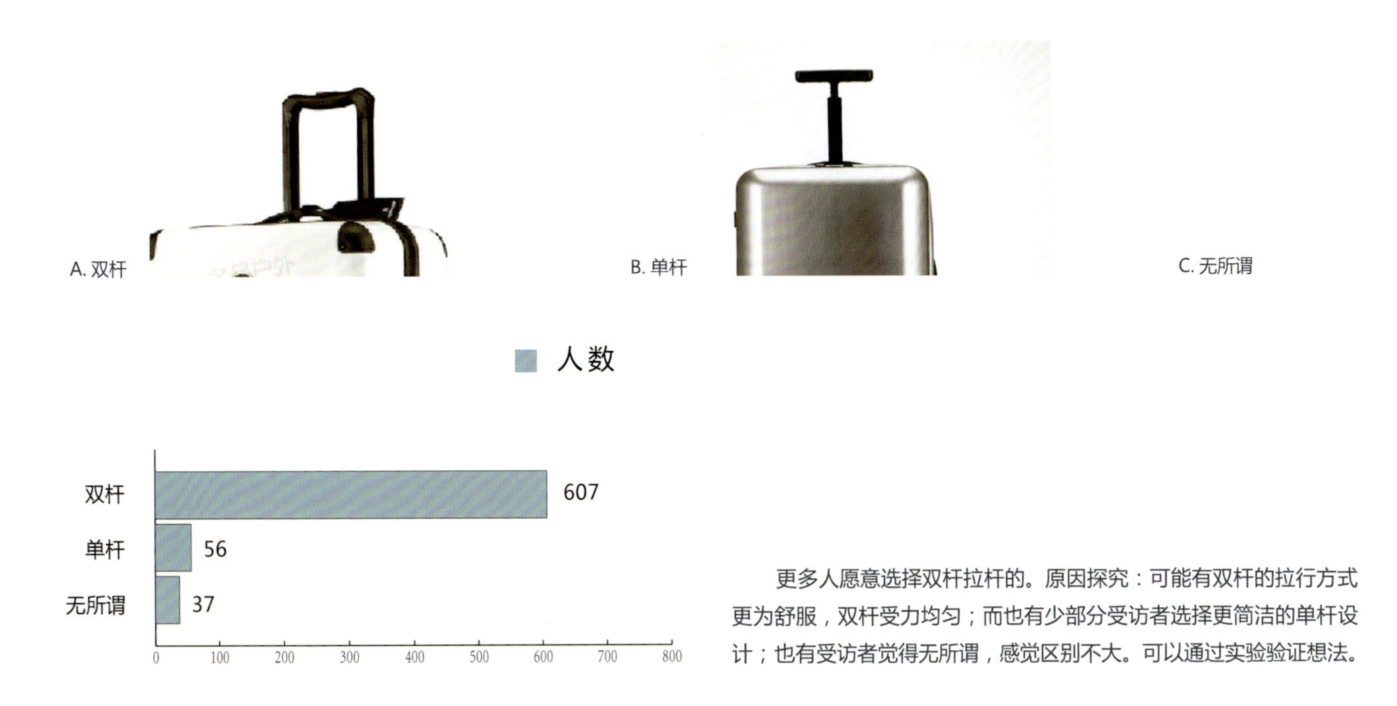

更多人愿意选择双杆拉杆的。原因探究：可能有双杆的拉行方式更为舒服，双杆受力均匀；而也有少部分受访者选择更简洁的单杆设计；也有受访者觉得无所谓，感觉区别不大。可以通过实验验证想法。

您选购旅行箱时比较偏向于哪一种轮子类型？

A. 四个轮子的　　B. 两个轮子的　　C. 都可以

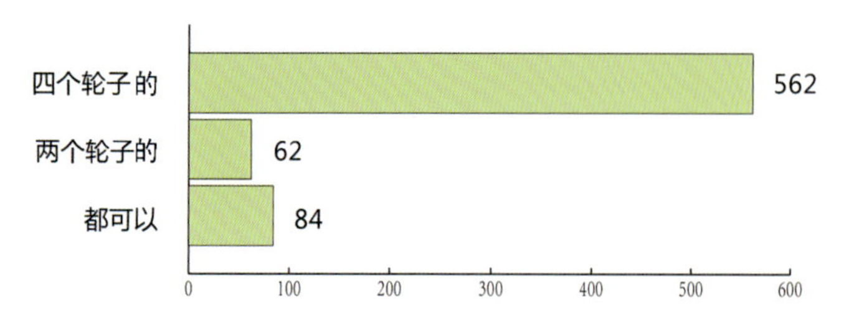

更多受访者愿意选择四个轮子的旅行箱。原因探究：四个轮子的旅行箱活动性更强，更方便使用；而两个轮子的旅行箱虽然活动灵活性降低，但减少了旅行箱使用过程中的噪声。部分用户的使用过程中，四轮和两轮并没有差别，可能与使用习惯和用途有关。设计时可以考虑到活动性和声响。

您拥有旅行箱的尺寸？

A.20 寸　B.24 寸　C.28 寸　D. 其他

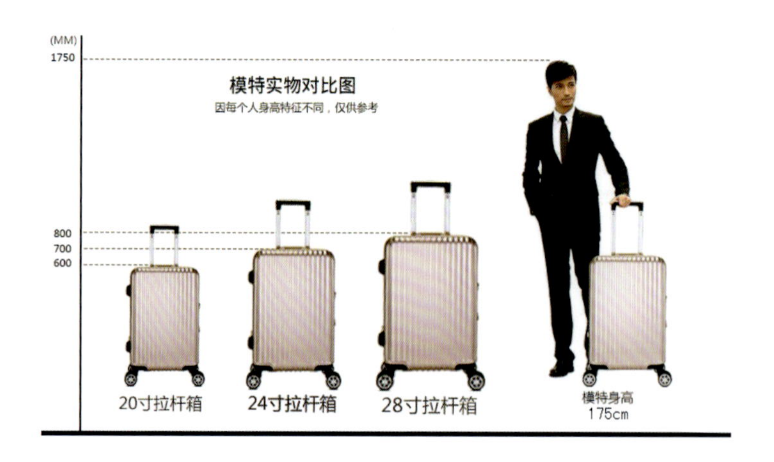

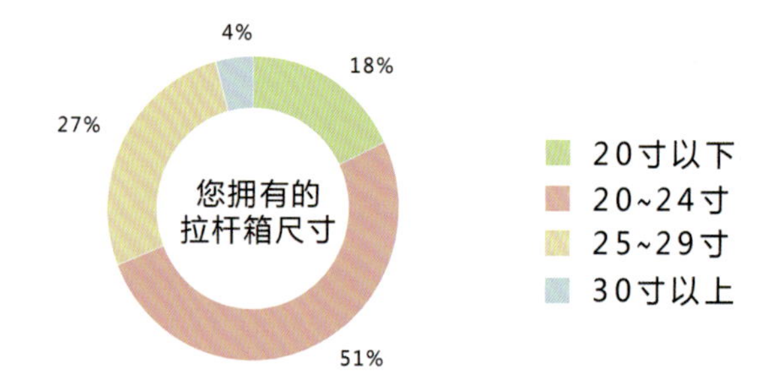

由调查结果可知：选择尺寸为 20~24 寸拉杆箱的受访者最多，其次是选择 25~29 寸拉杆箱，结合前面的调查数据可知，消费者在选购拉杆箱时多会选择中等尺寸的。

您平时使用旅行箱最常见的情形是？

A. 求学 B. 旅游 C. 出差 D. 储物 E. 购物 F. 其他

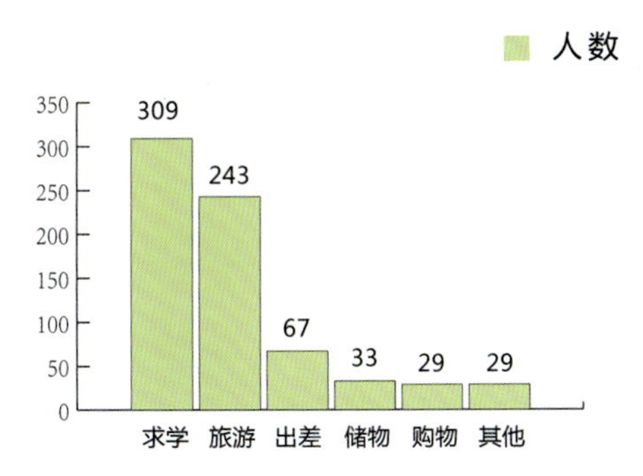

由于调查样本具有局限性，数据显示：年轻用户购买旅行箱主要用途是求学，另外用于旅游的受访者占调查样本的1/3，再次是出差、储物和购物，其他占据比率计较小（仅4%），说明上述答案中列举旅行箱常用用途比较齐全，求学、旅游、出差是年轻群体最常见的用途。

您对于旅行箱附加功能的重视程度？

（1）称量箱体重量功能

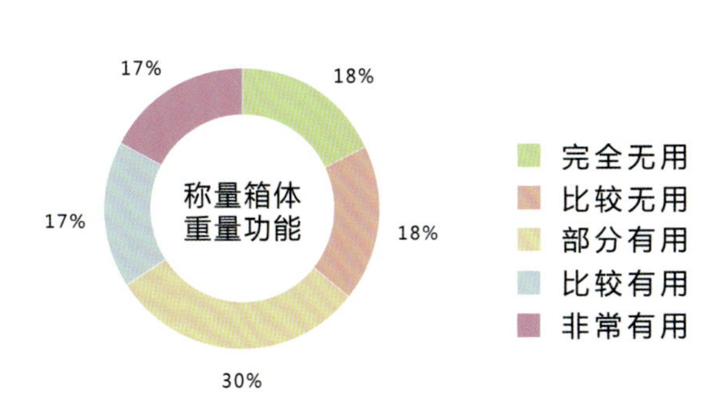

结合整份问卷各项数据分析表明，年轻族群（15~25岁）为主的群体认为称量箱体重量功能“部分有用”。所以这个功能是可有可无的，没有也没多大关系，但是有了会更加方便，可以定位价格不太敏感的群体。

（2）LED照明的功能

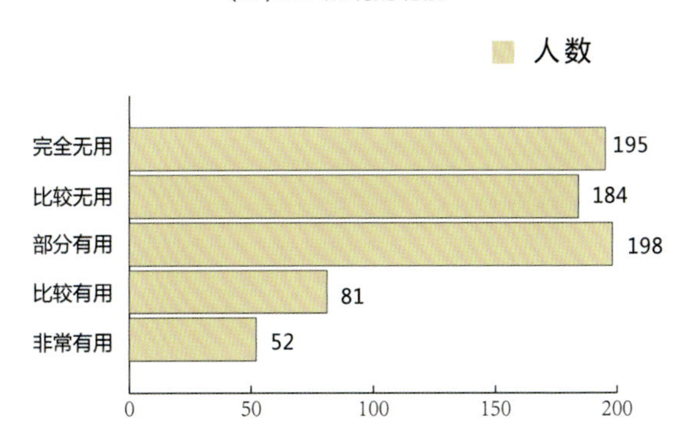

数据显示，认为LED照明灯“完全无用”和“比较无用”的人占54%，认为“比较有用”和“非常有用”的占18%，认为无用的占大多数。从接受程度上看，为旅行箱加LED照明灯并不是一个非常合适的想法，因为目前城市照明基本能全覆盖，LED照明容易被替代，显得多余。

（3）全方位提手

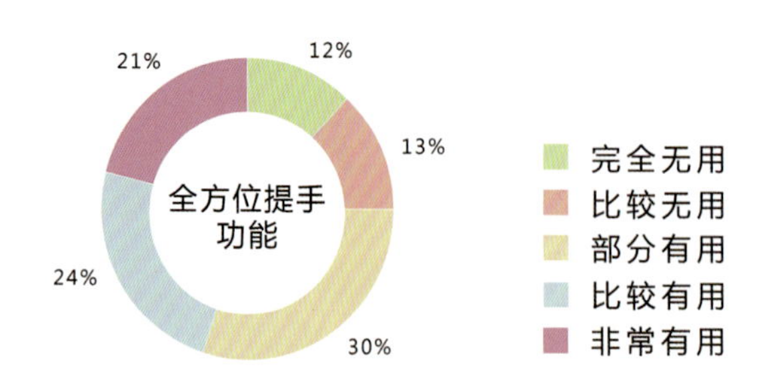

数据显示，“完全无用”和“比较无用”的受访者占25%，认为“比较有用”和“非常有用”的占45%，说明“全方位提手”功能是很有必要的。旅行箱应当在多个方向都有提手，或者设置可供抓提的位置，以方便提起箱体。

（4）折叠收缩

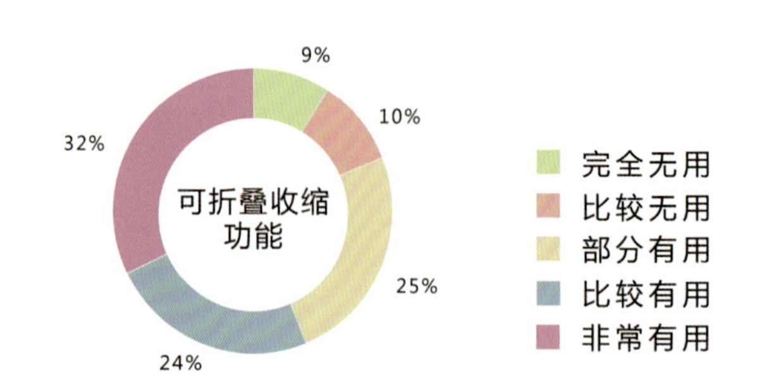

数据显示，对旅行箱可折叠收缩功能表示“比较有用”和“非常有用”的受访者占56%，远远超过 “完全无用”和“比较无用”之和的19%。从有用与无用两个倾向来看，旅行箱可折叠收缩的功能是非常有用的。用户通常喜欢小巧的旅行箱，但是有时要装很多行李，就需要旅行箱可以扩展多一些容量。用户在旅行箱的容量和体积上有一定的自主权。

（5）提供座位休息

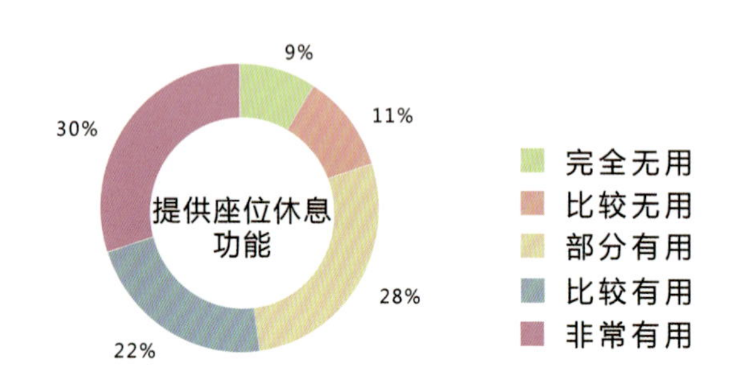

数据显示，得分较高，对旅行箱可以“提供座位”来休息表示“比较有用”和“非常有用”的受访者占52%，远远超过“完全无用”和“比较无用”的20%。从前面的题目中得知，用户使用旅行箱的周期是很长的，有时超过一个月，而且求学和旅游是主要用途，经常需要候车，如果找不到合适的座位，通过自带座位满足休息需要也不失为一个好选择。

（6）指纹识别开锁

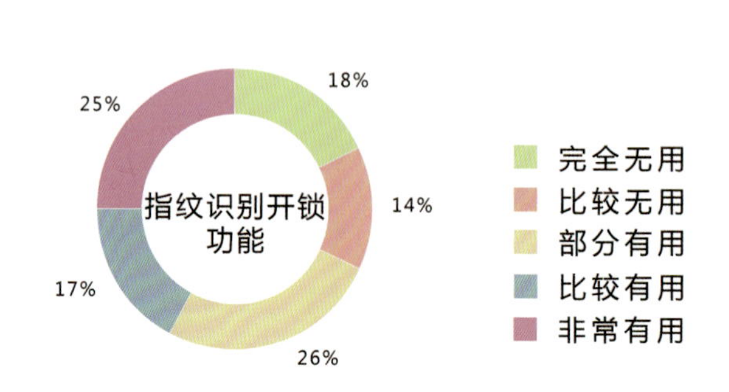

数据显示，得分适中，认为指纹识别开锁“完全无用”和“比较无用”的受访者占32%，认为“比较有用”和“非常有用”的占42%，认为部分有用的人占26%。可见对很多年轻用户来说，指纹识别有一定必要性，但总体介于可有可无之间，建议为高端的旅行箱加入指纹识别开锁，其他旅行箱则没有必要。

（7）GPS 定位与导航

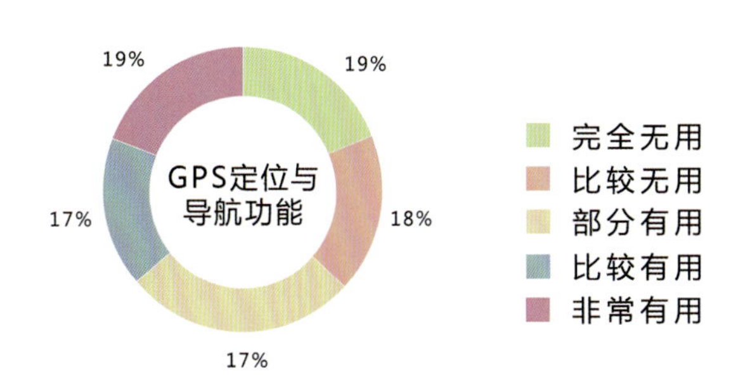

数据显示，认为 GPS 定位与导航“完全无用”和“比较无用”的受访者占 37%，认为“比较有用”和“非常有用”的占 36%，也就是说倾向认为无用的和倾向认为有用的几乎各占一半。考虑到智能手机已经具备定位与导航功能，所以旅行箱的这个功能除了在旅行箱丢失时发挥作用外，并没有太大的吸引力，可以在某些细分的旅行箱上附加一下。

（8）蓝牙音箱

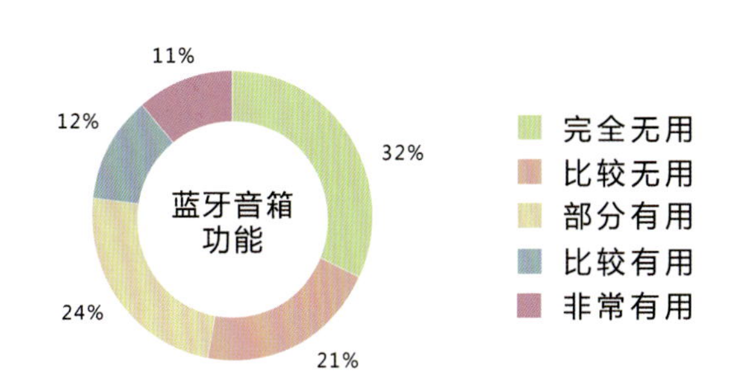

数据显示，认为蓝牙音箱“完全无用”和“比较无用”的人占 53%，认为“比较有用”和“非常有用”的占 23%，也就是说，多数受访者倾向于没有必要增加该功能。所以，为一个旅行箱装音乐播放设备是不符合实际需要的。

（9）一体式充电宝

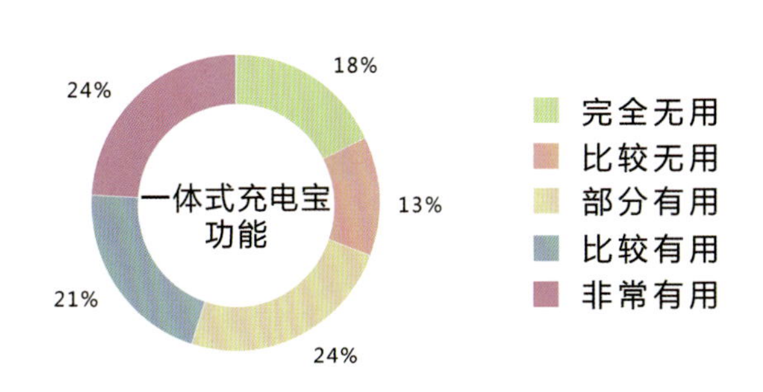

数据显示，认为一体式充电宝 “非常有用”和“比较有用”的受访者占 45%，大大多于认为“完全无用”和“比较无用”的占 31%，从有用与无用两个倾向来看，总体倾向于“充电宝”功能有用。用户步行、候车、候机时，并不需要用音箱播放音乐，但是需要充电宝为手机充电，所以许多受访者觉得充电宝功能很有必要。

（10）自动识别并跟主人行走

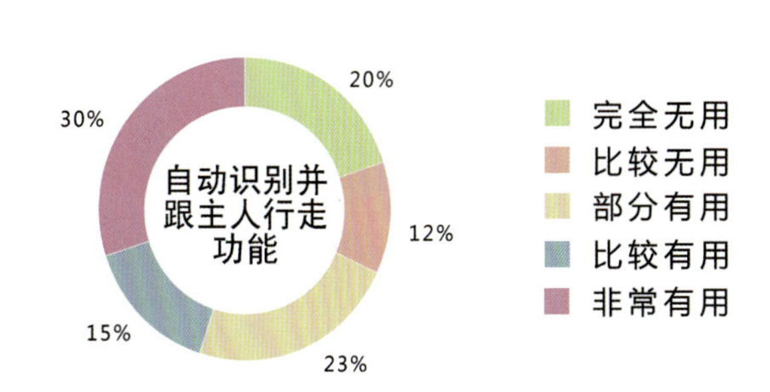

数据显示，认为“自动识别并跟主人行走”功能“完全无用”和“比较无用”的受访者占 32%，认为“比较有用”和“非常有用”的占 45%。总体而言，持正面态度者较多，说明该项功能有一定的应用潜力和价值。

您使用旅行箱时手上会提东西吗？

A. 完全不会　B. 通常不会　C. 一般不会　D. 会　E. 一定会

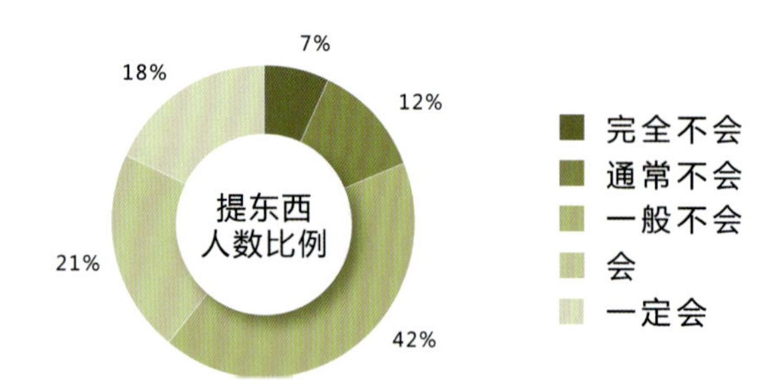

总体而言，很多用户使用旅行箱的时候手上会提东西，原因一方面是旅行箱里面的东西没有手提的东西那么容易拿出来，为了拿取方便，手上就会提点东西如食品、饮用水等；另一方面旅行箱容量不足。旅行箱可以考虑设计针对相应需求的附加功能。

您使用旅行箱时背上会背东西吗？

A. 完全不会　B. 通常不会　C. 一般不会　D. 会　E. 一定会

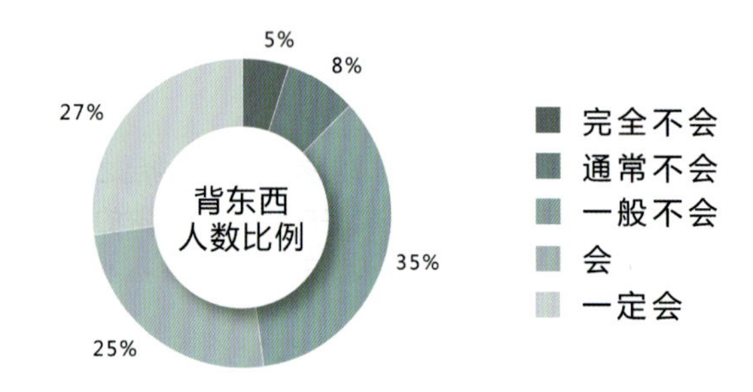

由“使用旅行箱时背上背东西”数据得知将近一半的被调查者在使用旅行箱的时候背上会背东西，原因探究：可能因为箱包不够大或者背包随身比较安全一点，也可以方便拿随身物品。有 35% 的人在一般情况下不会背东西。 由此可知，当用户使用旅行箱的时候，背上背东西的情况很常见，在旅行箱的人机设计方面，应该针对同时使用背包的用户做一些创新设计探索。

请问您为什么有旅行箱时还使用其他包包？（多选）

A. 因为箱子不够大　B. 随身物品或者贵重物品随身带　C. 背包可以和衣服搭配
D. 携带食品等方便拿出来的东西　E. 携带油等容易污染旅行箱的东西　F. 其他

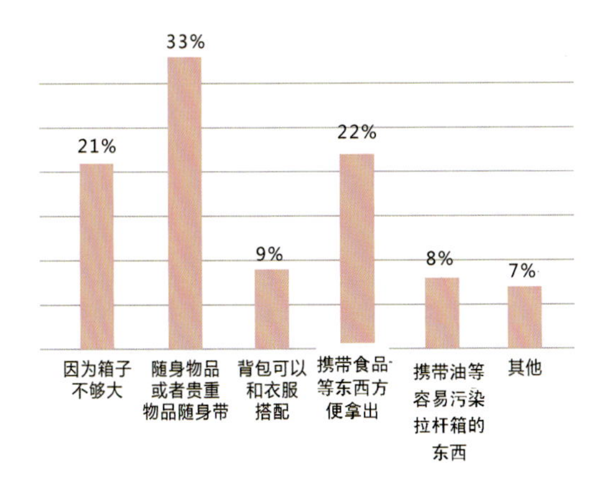

由“有旅行箱时还使用其他包包”的原因统计数据可知：大约33%的受访者使用其他包包来装随身物品和贵重物品。原因探究：大概因为箱包打开取物比较麻烦而且防盗性不够高；有约1/5的受访者觉得箱包不够大所以才使用其他包包的，可能是因为尺寸与预想要装的物品不符合，旅行箱过大不方便携带，过小则容量不够。

有小部分的受访者担心旅行箱弄脏，原因探究：旅行箱的材质表面容易沾染污物，会导致箱包的颜色看起来不耐脏，或者也有可能是箱包内部分层不足以隔绝油污或其他污物。

请问您使用旅行箱时一般会装什么东西？（多选）

A. 衣物　B. 电子产品　C. 化妆品
D. 钱和其他贵重物品　E. 货品（买来的东西）　F. 书本资料、文件
G. 牙膏、毛巾、床单等生活必需品　H. 预备不时之需如伞、防潮垫等　I. 其他

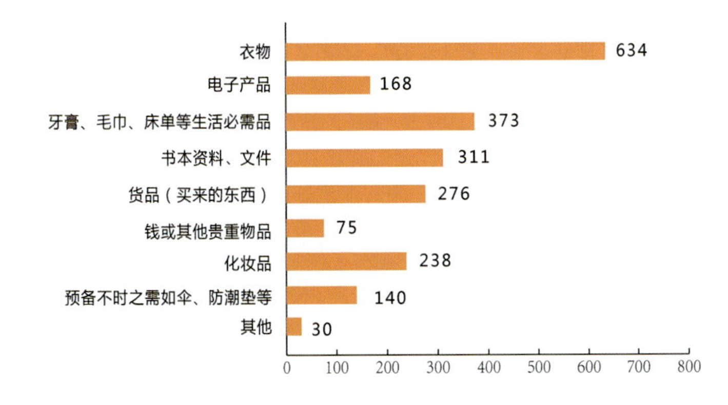

调查统计数据显示，89%的受访者通常用旅行箱装衣物，过半受访者会放牙膏、牙刷、床单等生活必需品，其次是书本资料、文件和货物、商品。使用化妆品的受访者也会把化妆品、护肤品放在旅行箱里中，少部分人会放电子产品和伞、防潮垫等物品，很少人会将钱和其他贵重物品放入旅行箱。

由此可见，旅行箱存放的物品非常多样，不少物品之间存在交叉影响，例如没有彻底干燥的雨伞与电子产品，可能泄露的化妆品与电子产品，对于中档以上的旅行箱，设置干燥区和防潮区非常重要，还可以考虑设置保温或恒温区（不少用户住酒店喜欢用自带的毛巾），大部分用户还会将其他物品放到旅行箱中，而市面上大部分旅行箱结构都是千篇一律，很少有为专门放置除衣物以外的其他用品的位置，完善的空间非常大。旅行箱在物品分类放置上可以衍生出很多人性化设计，比如有专门放置生活必需品的防潮区（不沾水布料，湿的用品不会渗水到外面），专门放置书本、文件资料的位置（面积大，保证文件放进去后不会被损毁、折弯，对于学生特别重要），专门放置化妆品等易碎品的抗震位置，或者专门放置贵重物品的暗格，等等。

请问您的旅行箱哪个部分最容易损坏（损毁）？（多选）

A. 轮子　B. 拉杆　C. 拉链　D. 箱体面料　E. 箱体刮花　F. 面料弄脏　G. 其他

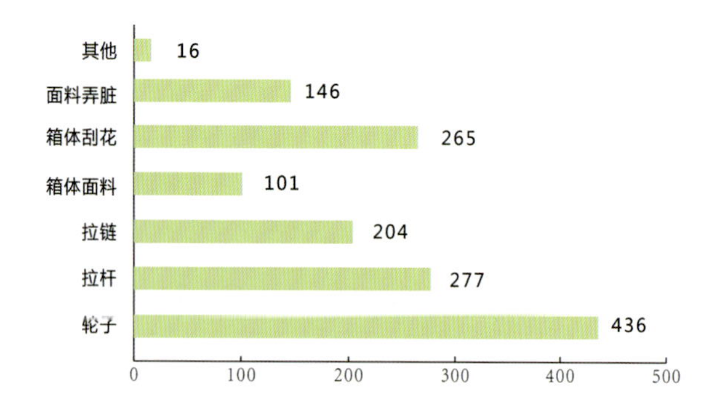

调查显示，大部分受访者认为旅行箱最容易损坏的地方是轮子，其次是拉杆，相当部分的受访者有旅行箱箱体被刮花的经历，而拉链和箱体面料损坏以及面料弄脏的问题也存在。

研究发现，市面上旅行箱的轮子承重性良好，但是适应不同路面的能力较差，导致这成为轮子容易被损坏的主要原因之一；而拉杆的材料和结构设计也影响了它的使用寿命，符合人机工程学的设计不仅可以使用更舒适，还能延长其使用寿命；对于拉链的问题，可以设计出不同的开合方式来替代；箱体的材料、表面处理以及相关设计都会影响到日后使用是否容易被损坏。除了不断应用新材料、改良表面处理工艺，还可以从设计上改良，比如在箱体为塑料的旅行箱四角装上耐磨材料等。除此之外，还可以做独立、外在的保护设计，比如现在应用广泛的旅行箱保护套，也能很好地改善这些问题。

基于粗糙集的设计规则研究

粗糙集理论是一种处理不确定性的数学工具，作为一种较新的软计算方法，近年来越来越受到重视，其有效性已在许多科学与工程领域的成功应用中得到证实，广泛应用于知识获取、决策分析等研究领域。

本部分的研究首先进行了箱包产品类型和相应信息表的确定，然后进行量表开发和问卷设计、问卷调查，经数据的整理和分析处理，提炼出一套箱包产品设计规则，在新产品开发中应用并检验该设计规则，经过优化和改进后最终形成一套基本可行的箱包设计规则，在箱包产业中具有推广价值。

1 研究背景

美国心理学家雷德里克•赫茨伯格发现：导致人们感觉满意的因素与导致人们感觉不满意的因素有本质的区别，“满意”的对立面不是“不满意”，而是“没有满意”，同理，“不满意”的对立面是“没有不满意”，导致不满意体验的相关因素称为“保健因素”，导致满意体验的相关因素称为“激励因素”——这就是著名的双因素理论。工业产品也同时存在导致消费者（客户）满意、惊喜和不满意的因素，并且导致客户满意、惊喜和不满意的因素，很可能并不一致（Kano 模型）。强化满意因素可保持产品竞争优势，提供惊喜因素可创造产品溢价，改进不满意因素可弥补设计缺陷。所以，分别辨识这些导致满意、惊喜和不满意的因素，以及这些因素的影响程度，可以帮助设计经理制定更具针对性的设计策略。运用粗糙集理论，辨析导致客户对产品满意、惊喜和不满意的产品属性，以及设计属性组合的分类特征，根据分类结果和设计属性依存关系得出产品设计规则。

从事工业设计定量研究的主要障碍是产品设计属性难以量化，缺少设计属性的统计数据，难以计算纯产品设计对市场成功的影响程度。粗糙集方法不需要先验的概率值精确的数值型数据，只需要定序甚至定名数据（通过问卷调查便可获得）便可完成多个条件属性和决策属性的组合的分类，评估多个条件属性与决策属性之间的依存关系，计算分类质量和条件属性的显著性。因此，应用粗糙集理论，确定产品设计规则以后，可以根据预先确定的设计目标，市场定位确定的关键设计属性性质（通过计算粗糙集约简与核），为产业内设计师提供明确的具体的产品属性的设计目标，显著缩短产品开发模糊前期，明确设计创新属性和程度；相对基于发明专利的科研原理和技术进步法则的 TRIZ 理论，粗糙集理论可以探索特定产业的不同产品类型设计规则，更加具体和明确，避免了 TRIZ 理论在不可行的矛盾解决创新原理中浪费时间，更具可操作性；应用粗糙集方法可以计算设计结果的近似精度和分类质量 进行设计规则推理(Rule Induction)和有效性度量，可以预测可能导致客户不满意甚至拒绝产品的设计属性，预先采取措施避免损失。因此，运用粗糙集方法研究工业产品设计规则是非常有价值的。

拉杆箱产品一般不存在高附加值的技术属性，设计创新是产品开发的主要环节，设计属性是产品客户体验的主导属性。相对个体差异显著的旅行背包和女式手袋，旅行箱产品设计属性与客户体验之间依存关系是相对稳定的，设计规则可以获得较高分类质量和近似精度，便于向整个箱包制造行业推广。

箱包粗糙集调查问卷

产品设计相关和不相关属性评价

填表说明：1）“产品图片”位放置您设计的该型箱包图片，每款您设计箱包对应有一张表格；2）配饰主要指拉链、行李牌、拉杆等本身即为独立产品，但对箱包整体具有装饰或功能作用的附属品；3）纹饰指装饰性纹样或贴花贴纸等；4）品牌 / 型号右栏填写文字或数字，其他在合适的位置打“√”（每列仅需要打一个“√”）；4）产品评价（一）是行家对产品的评价，仍根据“优秀”“良好”“中等”“较弱”打“√”；5）市场表现（二）是产品客观市场反映，按右栏说明打“√”。

产品图片			
品牌/型号			
拉杆箱	手袋	背包	其他

产品相关属性的总体评价		设计无关属性					设计相关属性								
							耐用性（质量）				外观款式				
		业内品牌地位	定价合理性（策略）		销后服务	营销策略	面（里）料	拉链	拉杆	滚轮	整体效果	差异化新颖性	色彩搭配	品质感	细节
存在	优秀			很贵											
	良好			偏贵											
	中等			合适											
	较弱			便宜											
不存在															

产品相关属性的总体评价		设计相关属性												产品评价（一）	市场表现（二）			
		功能					配饰（拉链头、电镀件、五金件、拉杆、滚轮、行李牌等）			纹饰（装饰性纹理、贴花贴纸等）								
		内部空间布局	抗压防震	人机和易用性	其他附属常规功能	智能功能	设计感	搭配协调性	细节和品质	视觉效果	做工	与整体搭配	标识、情感或文化性	行家对产品评价	用户满意		产品销售	
存在	优秀															非常满意		销量超乎预期
	良好															满意		销量符合预期
	中等															无不满意		销量少于预期
	较弱															不满意		滞销
不存在																		

2 箱包产品的约简

约简的属性集的分类质量与原属性集的分类质量相同。若小的属性子集 $P \subseteq C \subseteq A$ ，满足 $\gamma_P(X) = \gamma_C(X)$ ，则集合 P 称为集合 C 的一个约简，记为 $RED(\boldsymbol{P})$ 。

利用遗传算法得到的约简：

Reduct	Support	Length
{定价合理，面料，拉杆，整体效果，差异 / 新颖，色彩搭配，搭配协调，视觉效果}	100	8
{定价合理，面料，拉杆，整体效果，色彩搭配，细节，设计感，搭配协调，视觉效果}	100	9
{定价合理，营销策略，面料，拉杆，整体效果，色彩搭配，细节，搭配协调，视觉效果}	100	9
{定价合理，面料，拉杆，整体效果，色彩搭配，细节，内部空间，搭配协调，视觉效果}	100	9
{定价合理，面料，拉杆，滚轮，整体效果，色彩搭配，细节，搭配协调，视觉效果}	100	9

利用 Johnson 算法得到的约简：

Reduct	Support	Length
{定价合理，面料，拉杆，整体效果，差异 / 新颖，色彩搭配，搭配协调，视觉效果}	100	8

根据 Johnson 算法，通过约简（数据挖掘），可以确定：非设计属性中定价合理性，耐用性中面料、拉杆质量属性，外观款式中的整体效果，差异 / 新颖性，色彩搭配属性，配饰中搭配协调属性，纹饰中视觉效果属性，具有与全部 24 个属性相同的分类质量，设计中应该重点关注。

3 箱包产品的核

按照遗传算法获得的计算结果，信息系统的约简不止一个，所有约简的交集称为信息系统的核，表示为：

$$CORE(\boldsymbol{P}) = \bigcap_{R_i \in RED(\boldsymbol{P})} R_i$$

所以，根据遗传算法所有约简的核是：定价合理，面料、拉杆、整体效果、色彩搭配、搭配协调、视觉效果。因此可以确定：非设计属性中定价合理性，耐用性（质量）中面料、拉杆属性，外观款式中的整体效果，色彩搭配属性，配饰中搭配协调属性，纹饰中视觉效果属性是所有约简中共同拥有的，是特别重要的分类属性，是旅行箱分类属性的核心和基础。

4 箱包产品的粗糙集设计规则

调查发现：几乎所有的设计，行家评价和用户满意，被调查者回答都是很高的正面评价，难以区分，不得不舍弃行家评价和用户满意的数据，实际市场表现（产品销售）则各异，市场表现才能代表真正用户满意，运用粗糙集方法，可以获得如下设计规则：

1	定价合理（2）AND 面料（3）AND 拉杆（3）AND 整体效果（3）AND 差异 / 新颖（3）AND 色彩搭配（3）AND 搭配协调（3）AND 视觉效果（3）=> 产品销售 D3（2）
2	定价合理（2）AND 面料（3）AND 拉杆（3）AND 整体效果（3）AND 差异 / 新颖（3）AND 色彩搭配（4）AND 搭配协调（3）AND 视觉效果（4）=> 产品销售 D3（2）
3	定价合理（3）AND 面料（4）AND 拉杆（3）AND 整体效果（4）AND 差异 / 新颖（3）AND 色彩搭配（4）AND 搭配协调（3）AND 视觉效果（4）=> 产品销售 D3（3）
4	定价合理（3）AND 面料（3）AND 拉杆（3）AND 整体效果（4）AND 差异 / 新颖（3）AND 色彩搭配（4）AND 搭配协调（4）AND 视觉效果（4）=> 产品销售 D3（3）
5	定价合理（2）AND 面料（3）AND 拉杆（3）AND 整体效果（3）AND 差异 / 新颖（3）AND 色彩搭配（4）AND 搭配协调（4）AND 视觉效果（3）=> 产品销售 D3（3）
6	定价合理（3）AND 面料（4）AND 拉杆（4）AND 整体效果（4）AND 差异 / 新颖（3）AND 色彩搭配（4）AND 搭配协调（4）AND 视觉效果（4）=> 产品销售 D3（3）
7	定价合理（2）AND 面料（3）AND 拉杆（3）AND 整体效果（4）AND 差异 / 新颖（3）AND 色彩搭配（3）AND 搭配协调（3）AND 视觉效果（3）=> 产品销售 D3（3）
8	定价合理（4）AND 面料（4）AND 拉杆（4）AND 整体效果（3）AND 差异 / 新颖（3）AND 色彩搭配（4）AND 搭配协调（4）AND 视觉效果（4）=> 产品销售 D3（3）
9	定价合理（2）AND 面料（4）AND 拉杆（3）AND 整体效果（4）AND 差异 / 新颖（3）AND 色彩搭配（4）AND 搭配协调（4）AND 视觉效果（4）=> 产品销售 D3（3）
10	定价合理（2）AND 面料（3）AND 拉杆（3）AND 整体效果（3）AND 差异 / 新颖（3）AND 色彩搭配（4）AND 搭配协调（4）AND 视觉效果（4）=> 产品销售 D3（3）
11	定价合理（4）AND 面料（4）AND 拉杆（4）AND 整体效果（4）AND 差异 / 新颖（4）AND 色彩搭配（4）AND 搭配协调（4）AND 视觉效果（4）=> 产品销售 D3（4）
12	定价合理（1）AND 面料（2）AND 拉杆（3）AND 整体效果（3）AND 差异 / 新颖（3）AND 色彩搭配（3）AND 搭配协调（4）AND 视觉效果（4）=> 产品销售 D3（4）
13	定价合理（3）AND 面料（4）AND 拉杆（4）AND 整体效果（3）AND 差异 / 新颖（1）AND 色彩搭配（3）AND 搭配协调（1）AND 视觉效果（2）=> 产品销售 D3（4）
14	定价合理（4）AND 面料（4）AND 拉杆（4）AND 整体效果（3）AND 差异 / 新颖（4）AND 色彩搭配（3）AND 搭配协调（1）AND 视觉效果（2）=> 产品销售 D3（4）
15	定价合理（1）AND 面料（2）AND 拉杆（3）AND 整体效果（4）AND 差异 / 新颖（3）AND 色彩搭配（4）AND 搭配协调（4）AND 视觉效果（4）=> 产品销售 D3（4）
16	定价合理（1）AND 面料（3）AND 拉杆（3）AND 整体效果（4）AND 差异 / 新颖（3）AND 色彩搭配（4）AND 搭配协调（4）AND 视觉效果（4）=> 产品销售 D3（4）
17	定价合理（3）AND 面料（4）AND 拉杆（4）AND 整体效果（4）AND 差异 / 新颖（4）AND 色彩搭配（4）AND 搭配协调（4）AND 视觉效果（4）=> 产品销售 D3（4）
18	定价合理（2）AND 面料（3）AND 拉杆（3）AND 整体效果（4）AND 差异 / 新颖（4）AND 色彩搭配（4）AND 搭配协调（3）AND 视觉效果（4）=> 产品销售 D3（4）

由规则 1~2 可知：

如果定价不太合理（定价合理性等级为中等），即使其他属性都表现良好，甚至外观款式中色彩搭配，纹饰中视觉效果表现优秀，产品销售仍然会低于预期，用户仍会不满意。

由规则 3~10 可知：

如果定价在中等合理性以上，且整体效果表现优秀，或整体效果、面料、拉杆都设计良好，其他外观款式中色彩搭配中搭配协调，纹饰中视觉效果表现都优秀，或者至少两个优秀，产品销售符合预期，用户不会有不满意。

由规则 11~18 可知：

如果上述属性全部表现优秀，或者面料和拉杆，面料、拉杆和差异化、新颖性同时表现优秀，或者外观款式中整体效果，色彩搭配，差异 / 新颖性，附件配置中搭配协调、纹饰中视觉效果等属性有 4 项或者 4 项以上表现优秀，产品销售会超过预期，用户会有比较高的满意度。

综上所述

导致用户不满意的主要因素是定价不合理；其他属性良好表现，一般会导致用户没有不满意；如果多数上述属性表现优秀，用户会有很高的满意度。

5 不同类别箱包的粗糙集设计规则

手袋

（1）手袋遗传算法的约简结果

{品牌，售后服务，营销策略，整体效果，差异/新颖，色彩搭配，品质感，内部空间，抗压防震，设计感，搭配协调，细节品质，视觉效果}
{品牌，售后服务，营销策略，整体效果，差异/新颖，色彩搭配，品质感，抗压防震，其他附属，搭配协调，细节品质，视觉效果，整体搭配}
{品牌，售后服务，营销策略，整体效果，差异/新颖，色彩搭配，品质感，抗压防震，搭配协调，细节品质，视觉效果，做工，整体搭配}
{品牌，定价合理，售后服务，整体效果，差异/新颖，色彩搭配，品质感，抗压防震，其他附属，搭配协调，细节品质，视觉效果，整体搭配}
{品牌，售后服务，营销策略，面料，整体效果，差异/新颖，色彩搭配，品质感，内部空间，抗压防震，搭配协调，视觉效果，做工，整体搭配}
{品牌，定价合理，售后服务，面料，拉链，整体效果，差异/新颖，色彩搭配，品质感，内部空间，抗压防震，设计感，搭配协调，细节品质，视觉效果}

（2）手袋粗糙集"核"的计算结果

（品牌、售后服务、整体效果、差异/新颖性、色彩搭配、抗压防震、搭配协调、视觉效果）

换句话说，对于手袋而言，产品品牌，售后服务，视觉款式中的整体效果、差异/新颖性和色彩搭配，抗压防震功能，配饰（拉链头，电镀件，五金件等）的搭配协调，以及纹饰的视觉效果，这些是影响手袋销售客观市场绩效的关键属性，在设计中应该予以特别的关注。

（3）手袋产品设计规则

结合手袋"核"计算结果，导致手袋滞销的因素中，最为常见的组合是色彩搭配不合理，整体效果、品质感以及营销策略一般，综合这些因素将导致手袋滞销，今后在产品开发过程中应该予以注意。

1	品牌（2）AND 售后服务（1）AND 营销策略（2）AND 整体效果（2）AND 差异/新颖（2）AND 色彩搭配（1）AND 品质感（2）AND 内部空间（2）AND 抗压防震（1）AND 设计感（2）AND 搭配协调（3）AND 细节品质（2）AND 视觉效果（3）=> 销售（1）
2	品牌（2）AND 售后服务（1）AND 营销策略（2）AND 整体效果（2）AND 差异/新颖（1）AND 色彩搭配（1）AND 品质感（2）AND 内部空间（2）AND 抗压防震（1）AND 设计感（3）AND 搭配协调（3）AND 细节品质（3）AND 视觉效果（3）=> 销售（1）
3	品牌（2）AND 售后服务（3）AND 营销策略（2）AND 整体效果（2）AND 差异/新颖（3）AND 色彩搭配（1）AND 品质感（2）AND 内部空间（2）AND 抗压防震（1）AND 设计感（3）AND 搭配协调（2）AND 细节品质（3）AND 视觉效果（1）=> 销售（1）
4	品牌（2）AND 售后服务（1）AND 营销策略（2）AND 整体效果（2）AND 差异/新颖（2）AND 色彩搭配（1）AND 品质感（2）AND 抗压防震（1）AND 其他附属（1）AND 搭配协调（3）AND 细节品质（2）AND 视觉效果（3）AND 整体搭配（3）=> 销售（1）
5	品牌（2）AND 售后服务（1）AND 营销策略（2）AND 整体效果（2）AND 差异/新颖（1）AND 色彩搭配（1）AND 品质感（2）AND 抗压防震（1）AND 其他附属（1）AND 搭配协调（3）AND 细节品质（3）AND 视觉效果（3）AND 整体搭配（3）=> 销售（1）
6	品牌（2）AND 售后服务（3）AND 营销策略（2）AND 整体效果（2）AND 差异/新颖（3）AND 色彩搭配（1）AND 品质感（2）AND 抗压防震（1）AND 其他附属（1）AND 搭配协调（2）AND 细节品质（3）AND 视觉效果（1）AND 整体搭配（2）=> 销售（1）
7	品牌（2）AND 售后服务（1）AND 营销策略（2）AND 整体效果（2）AND 差异/新颖（2）AND 色彩搭配（1）AND 品质感（2）AND 抗压防震（1）AND 搭配协调（3）AND 细节品质（2）AND 视觉效果（3）AND 做工（3）AND 整体搭配（3）=> 销售（1）
8	品牌（2）AND 售后服务（1）AND 营销策略（2）AND 整体效果（2）AND 差异/新颖（1）AND 色彩搭配（1）AND 品质感（2）AND 抗压防震（1）AND 搭配协调（3）AND 细节品质（3）AND 视觉效果（3）AND 做工（3）AND 整体搭配（3）=> 销售（1）
9	品牌（2）AND 售后服务（3）AND 营销策略（2）AND 整体效果（2）AND 差异/新颖（3）AND 色彩搭配（1）AND 品质感（2）AND 抗压防震（1）AND 搭配协调（2）AND 细节品质（3）AND 视觉效果（1）AND 做工（3）AND 整体搭配（2）=> 销售（1）
10	品牌（2）AND 定价合理（3）AND 售后服务（1）AND 整体效果（2）AND 差异/新颖（2）AND 色彩搭配（1）AND 品质感（2）AND 抗压防震（1）AND 其他附属（1）AND 搭配协调（3）AND 细节品质（2）AND 视觉效果（3）AND 整体搭配（3）=> 销售（1）
11	品牌（2）AND 定价合理（2）AND 售后服务（1）AND 整体效果（2）AND 差异/新颖（1）AND 色彩搭配（1）AND 品质感（2）AND 抗压防震（1）AND 其他附属（1）AND 搭配协调（3）AND 细节品质（3）AND 视觉效果（3）AND 整体搭配（3）=> 销售（1）
12	品牌（2）AND 定价合理（3）AND 售后服务（3）AND 整体效果（2）AND 差异/新颖（3）AND 色彩搭配（1）AND 品质感（2）AND 抗压防震（1）AND 其他附属（1）AND 搭配协调（2）AND 细节品质（3）AND 视觉效果（1）AND 整体搭配（2）=> 销售（1）
13	品牌（2）AND 售后服务（1）AND 营销策略（2）AND 面料（3）AND 整体效果（2）AND 差异/新颖（2）AND 色彩搭配（1）AND 品质感（2）AND 内部空间（2）AND 抗压防震（1）AND 搭配协调（3）AND 视觉效果（3）AND 做工（3）AND 整体搭配（3）=> 销售（1）
14	品牌（2）AND 售后服务（1）AND 营销策略（2）AND 面料（3）AND 整体效果（2）AND 差异/新颖（1）AND 色彩搭配（1）AND 品质感（2）AND 内部空间（2）AND 抗压防震（1）AND 搭配协调（3）AND 视觉效果（3）AND 做工（3）AND 整体搭配（3）=> 销售（1）
15	品牌（2）AND 售后服务（3）AND 营销策略（2）AND 面料（3）AND 整体效果（2）AND 差异/新颖（3）AND 色彩搭配（1）AND 品质感（2）AND 内部空间（2）AND 抗压防震（1）AND 搭配协调（2）AND 视觉效果（1）AND 做工（3）AND 整体搭配（2）=> 销售（1）

旅行箱

（1）不同类型的旅行箱约简结果

｛产品类型，定价合理，面料，整体效果，差异 / 新颖，色彩搭配，品质感，视觉效果｝	100	8
｛产品类型，定价合理，面料，整体效果，差异 / 新颖，色彩搭配，搭配协调，视觉效果｝	100	8
｛产品类型，定价合理，面料，整体效果，差异 / 新颖，色彩搭配，搭配协调，标识等｝	100	8

（2）不同类型的旅行箱“核”的计算结果

（产品类型、定价合理、面料、整体效果、差异/新颖性、色彩搭配）

就旅行箱而言，产品类型（本研究包括软箱类、商务类、硬箱类三种类型）、定价合理、面料质量、外观款式中的差异/新颖性以及色彩搭配，这些是影响旅行箱销售客观市场绩效的关键属性，在设计中应该予以特别的关注。

（3）不同类型的旅行箱设计规则

1	产品类型（B）AND 定价合理（2）AND 面料（3）AND 整体效果（3）AND 差异 / 新颖（3）AND 色彩搭配（3）AND 品质感（4）AND 视觉效果（3）=> 产品销售 D3（2）
2	产品类型（B）AND 定价合理（2）AND 面料（3）AND 整体效果（3）AND 差异 / 新颖（3）AND 色彩搭配（3）AND 搭配协调（3）AND 视觉效果（3）=> 产品销售 D3（2）
3	产品类型（B）AND 定价合理（2）AND 面料（3）AND 整体效果（3）AND 差异 / 新颖（3）AND 色彩搭配（3）AND 搭配协调（3）AND 标识等（4）=> 产品销售 D3（2）
4	产品类型（C）AND 定价合理（2）AND 面料（4）AND 整体效果（4）AND 差异 / 新颖（3）AND 色彩搭配（4）AND 品质感（4）AND 视觉效果（4）=> 产品销售 D3（3）
5	产品类型（C）AND 定价合理（2）AND 面料（4）AND 整体效果（4）AND 差异 / 新颖（3）AND 色彩搭配（4）AND 搭配协调（4）AND 视觉效果（4）=> 产品销售 D3（3）
6	产品类型（C）AND 定价合理（2）AND 面料（4）AND 整体效果（4）AND 差异 / 新颖（3）AND 色彩搭配（4）AND 搭配协调（4）AND 标识等（4）=> 产品销售 D3（3）
7	产品类型（C）AND 定价合理（4）AND 面料（4）AND 整体效果（3）AND 差异 / 新颖（4）AND 色彩搭配（3）AND 品质感（4）AND 视觉效果（2）=> 产品销售 D3（4）
8	产品类型（C）AND 定价合理（4）AND 面料（4）AND 整体效果（3）AND 差异 / 新颖（4）AND 色彩搭配（3）AND 搭配协调（1）AND 视觉效果（2）=> 产品销售 D3（4）
9	产品类型（C）AND 定价合理（4）AND 面料（4）AND 整体效果（3）AND 差异 / 新颖（4）AND 色彩搭配（3）AND 搭配协调（1）AND 标识等（4）=> 产品销售 D3（4）

根据规则 1~3 可知

就产品类型 B（商务类旅行箱）而言，可能因为用户希望购买能够彰显其身份地位的产品，所以如果其关键属性：面料质量、外观款式中的整体效果、差异 / 新颖性以及色彩搭配仅仅表现良好，但定价不太合理，即使配饰品质感或纹饰标识文化性都表现优秀（间接说明这些属性不重要），用户也不会买账，导致产品销售低于预期，说明就一般品质的商务类旅行箱，用户对价格还是比较敏感。

根据规则 4~6 可知

就产品类型 C（硬箱类旅行箱）而言，如果面料质量、外观款式整体效果和色彩搭配都非常理想，产品差异 / 新颖性良好，市场也能接受定价合理性一般的产品，导致产品销售符合预期。说明如果关键重要属性设计优秀，定价高一点，也能达到销售预期。

根据规则 7~9 可知

就产品类型 C（硬箱类旅行箱）而言，如果期望销量超过预期，则非常优惠的定价、优质的面料、优秀的差异 / 新颖性不可或缺，如果此三项关键条件属性表现优秀，即使外观整体效果和色彩搭配仅表现良好，甚至配饰与箱体搭配较弱（间接说明这些属性不重要），也能获得可观的用户青睐。

综上所述

用户不是只能接受廉价的产品，如果产品关键属性设计优秀，市场可以接受产品溢价。当然，如果企业希望产品有非常好的销售前景，应该兼顾优惠定价和优良设计，实现产品走量销售。

校企合作模式研究

1 现状分析

在当前产业转型升级、实现经济发展方式转变的背景下，产业界对于产品设计、工业设计等设计创新人才的需求日益增长，并对于设计人才的专业技能、实践能力提出了更高的要求。

对于地方企业来说，特别是处于欠发达地区的企业，吸引不了或者留不住优秀设计人才，严重影响了产业转型升级，设计创新能力的提升非常缓慢。

不少地方中小型企业需要设计人才和更高水平的研发团队，纷纷主动找地方高校开展合作，但是一般意义上的校企合作很难解决双方的诉求。企业侧重于实现经济效益、高校侧重于培养高水平人才，两者的利益错位常会导致双方合作不稳定、不长久、效果不好。

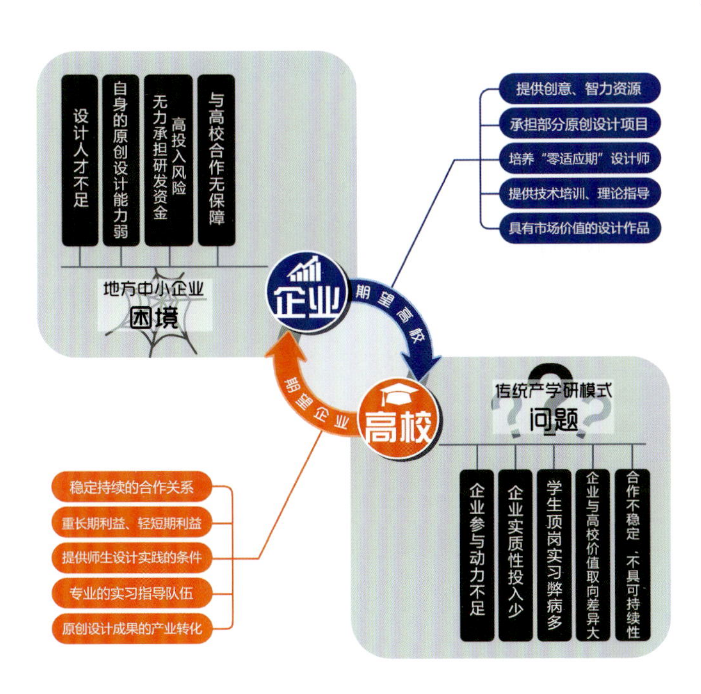

2 目标与方法

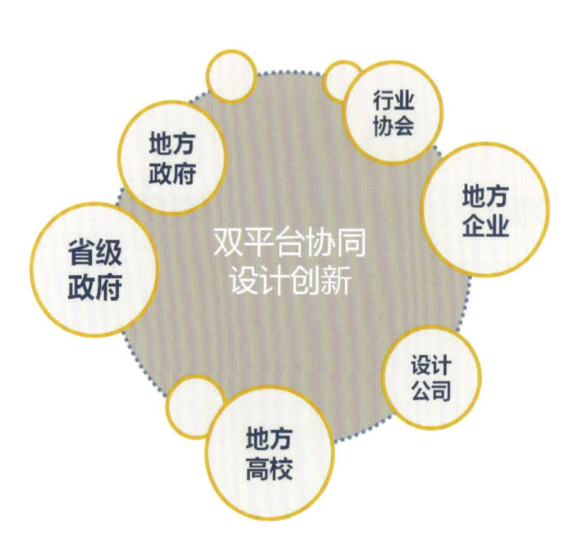

（1）解决地方企业及地方高校的合作不深入、不可持续的问题，一方面地方企业需要大量的设计创新人才，但苦于较难留住优秀人才；一方面地方高校培养的人才绝大部分流向外地，本项目将双方矛盾进行较大程度的化解。

（2）通过政、产、学、研等各个相关单位的多方协同合作，通过可持续、实际可行的模式达到多方共赢，促进企业、产业及区域经济实现转型升级。

（3）使参与各方能更好地发挥自身优势，并形成各方相互依赖、可持续性发展的格局，可在一定程度上缓解原创设计和研发的高投入风险和人力资源不足的问题。

（4）在政、产、学、研合作实践过程中，不断摸索和改进、逐步演变和完善，并通过借鉴、学习和归纳总结而形成一套可行的模式。

（5）采取经验总结和个案研究的方法。通过地方高校、政府与地方企业、产业的实际合作，以广东省经信委、广东省教育厅、江门市经信局、江门市科技局、五邑大学、江门市箱包皮具业商会、江门市丽明珠箱包皮具有限公司等相关单位的多方合作为实际案例，探索和研究出一条适合地方产业转型升级的实际可行的发展之路，总结出一套提升地方设计创新能力和水平、服务地方产业的模式。

3 资源整合与平台搭建

（1）将政府、企业、行业协会、高校及有关社会资源联合起来，在政府部门相关政策及申报项目资金的支持下，在企业和高校各自建立平台，协同驱动某一行业设计创新能力的提升，形成“设计场”。

（2）构建基于政、产、学、研的“合作平台”，在企业和高校各设平台，并成立“产学研工作协调委员会”。政府相关部门是信息中心和支持中心，为校企合作提供资金、项目、平台等方面的支持；行业协会提供人才需求、行业发展状况等信息反馈；高校整合其他相关社会资源与地方某一行业的企业开展合作。

（3）随着各级政府对工业设计的愈加重视，开展供给侧改革，企业对产品创新、产业转型的意识不断加强，需要吸纳更多的工业设计、产品设计人才。企业方和高校方开展合作的政策环境比以往都好，双方对于合作的期待和积极性都比以往要高，在观念上也比以往更加开放。在这些条件的基础上，通过建立校企协同机制，将各方资源进行整合、构建团队等变得更加有效率，并可产生实际效果。

（4）企业平台主要包括“实践教学基地”“研发中心（设计部）”，承担教育资源输出（项目案例、实用技能、兼职教师队伍等）、设计创新实践条件、成果转化及产业对接等任务。

（5）高校平台主要包括“专题实训室（工作室）”和“科研平台（研究室）”，主要承担专业人才培养输送、技术服务与专业培训、设计创新知识共享、应用研究与原创设计等任务。

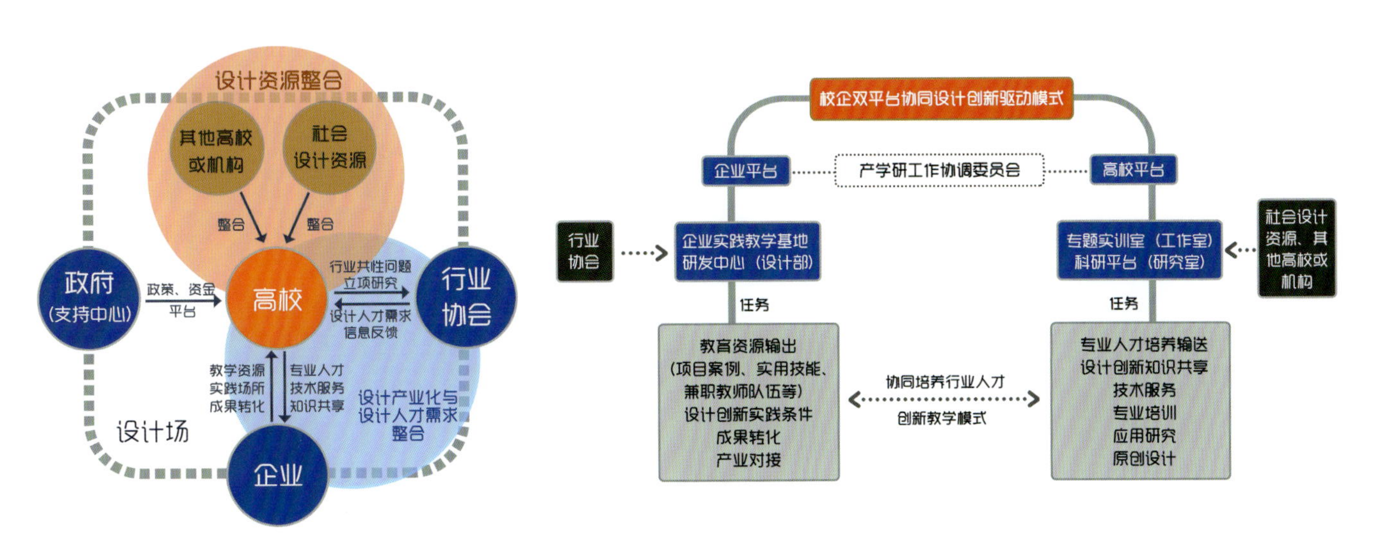

4 校企双平台协同机制

与地方不同行业的龙头企业、行业协会合作，确保合作的稳定性和持续性。将产业、行业资源与地方有限的高校资源、高层次人才资源等进行对接整合，建立校企双平台协同机制：

（1）研发团队与教学团队的协同（知识共享）

一是较高理论水平的教师（包括其他高校）与实战经验丰富的企业工程师、设计师（包括社会相关人力资源）互动交流，相互促进和提高；二是企业兼职教师（研发人员）及时地将最新的产业技术知识、行业资讯、市场趋势、一线的实际工作经验等传授给学生。

（2）项目研发与实战教学协同（相互指导）

高校专家及教师参与企业研发项目的指导或评审，企业设计师、工程师参与高校实践教学的指导和实践成果的评审。

（3）行业需求与人才培养的协同（供需对接）

通过企业平台与行业协会的对接，得到行业人才需求的信息反馈，使高校平台的人才培养与行业实际需求相结合。

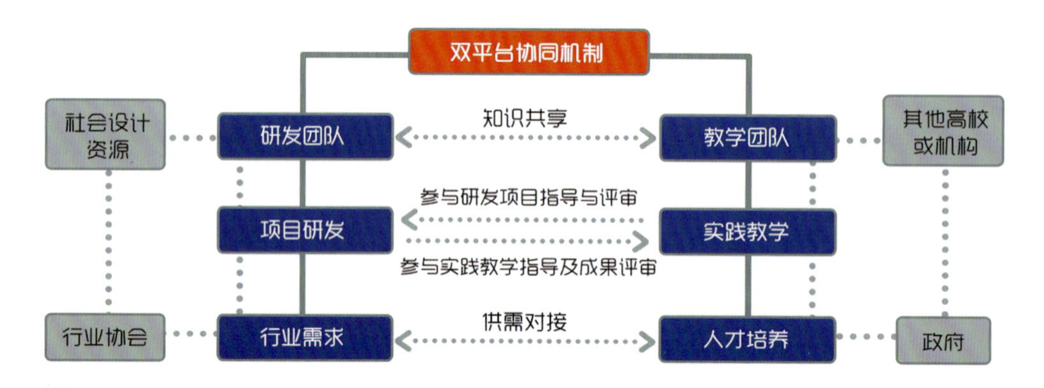

5 双方合作内容

将不同的“专题实训室（工作室）”与当地的行业企业形成对接关系，一方面校企双方共同制订具有针对性的人才培养计划，协同培养行业人才；另一方面，采取“工作室制”“项目实战式”模式，引入企业实际研发课题，双方共同开展研究和产品开发。

（1）高校方

——更新教学理念

通过 PBL、Workshop 等教学方法，围绕企业实际课题或需求开展实践教学。将若干专业课程通过同一设计课题贯穿，将较为复杂的设计问题进行分步拆解、循序渐进，在提升专业能力水平的同时，使其在某一领域的产品开发实践中达到一定深度，产生更具产业化前景的设计成果。

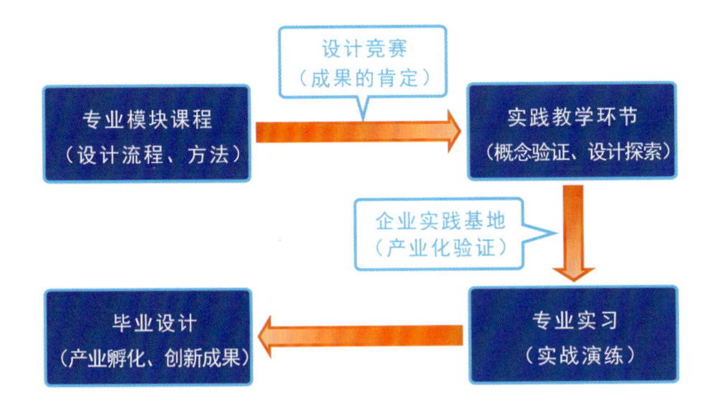

——改革人才培养方案

针对产业对设计创新人才的实际岗位要求，展开调查和研究，制定更能有效培养学生设计创新能力和实战动手能力的人才培养方案，优化课程结构。通过建设特色模块课程，与地方企业、产业实现有效对接。

——教师深入产业一线

深入企业了解该行业的技术、工艺、流程等，了解本地区的行业发展状况，以及合作双方的资源瓶颈，制定合理有效的合作方案，寻找时机引入外部资源进行弥补和完善。

——应用研究

针对行业共同面对的共性问题制定合适的课题，展开研究，将高校智力资源有效配置到地方产业急需的地方。

（2）企业方

——教育资源输出

指定专人负责校企合作的协调和跟进工作，委派专业技术人员深入高校参加有关的活动，例如项目评审、课程设计答辩、任兼职教师给学生授课、学生课外实践活动指导等。

——对接与转化

开展专题项目组、工作坊、课程植入等多种方式的合作，合作的项目成果，经过双方筛选后进入产业转化环节，使双方合作产生实质化的经济效益，形成良性循环。

——实践教学基地

在企业建立实践教学基地，由高校投入部分建设费用，企业指定导师，选拔优秀学生进驻基地深入学习、深化设计项目等，为企业和该行业的专业技术人才进行培养和储备。运用企业资源建设实践教学资源库，包括产品及其配件的结构、材料认知资源库、工艺及制造流程的资源库、与模块课程相关的设计案例资源库等，促进校企双方的协调沟通、价值共享。

6 实施案例及效益分析

五邑大学	江门市丽明珠箱包皮具有限公司
地方唯一本科院校	江门五邑地区箱包行业龙头企业 商会会长企业
年产值：1.96 亿元 每年转化合作设计作品：10 ~ 20 件 贡献产值：800 万 ~ 1500 万元	

政府部门

广东省经信委、广东省教育厅、江门市经信局、江门市科技局

行业组织

江门市箱包皮具业商会

企业

江门市丽明珠箱包皮具有限公司

高校

五邑大学

2010 年

在江门市箱包皮具业商会的大力支持下，江门市丽明珠箱包皮具有限公司与五邑大学共同成立“江门市箱包皮具研究开发中心”，由江门市科技局批准授牌。

2012 年

校企双方整合资源共同成功申报一项省经信委工业设计发展专项资金项目 100 万元。

2013 年

校企合作申报江门市工业设计发展专项资助项目，通过公开竞争的方式得到项目资金 50 万元。

2014 年

五邑大学“创新强校工程”项目投入资金启动建设“五邑大学－丽明珠箱包皮具有限公司实践教学基地”。

2015 年

“五邑大学－丽明珠箱包皮具有限公司实践教学基地”获得广东省教育厅立项，校企双平台合作模式不断成熟和完善。

2016 年

“基于‘工作室制’的工业设计校企协同实践教学改革”项目获广东省教育厅立项，校方组建学生创新团队参与企业研发，双方合作不断深化。

校企合作获奖（箱包类）

年度	奖项	等级及数量
2012	第六届“省长杯”工业设计大赛	优胜奖 1 项（前 30 名，箱包类唯一获奖项目）
2013	2013 年广东省高校工业设计大赛	一等奖 1 项
	首届“五邑杯”工业设计大赛	二等奖 1 项
2014	第七届“省长杯”工业设计大赛	评审委员会主任特别推荐奖 1 项
	第二届“五邑杯”工业设计大赛	产品奖 1 项、概念组三等奖 1 项
2015	2015 年广东省高校工业设计大赛	三等奖 1 项
	第三届“五邑杯”工业设计大赛	产品奖 1 项、产业奖 1 项
2016	2016 年全国大学生工业设计大赛	优秀奖 3 项
	2016 年全国大学生工业设计大赛广东赛区	一等奖 1 项、二等奖 1 项、优秀奖 2 项
	第八届“省长杯”工业设计大赛	铜奖 3 项、综合赛区三等奖 1 项
	第四届“五邑杯”工业设计大赛	金奖 1 项、产品奖 1 项、产业奖 1 项

合作企业效益

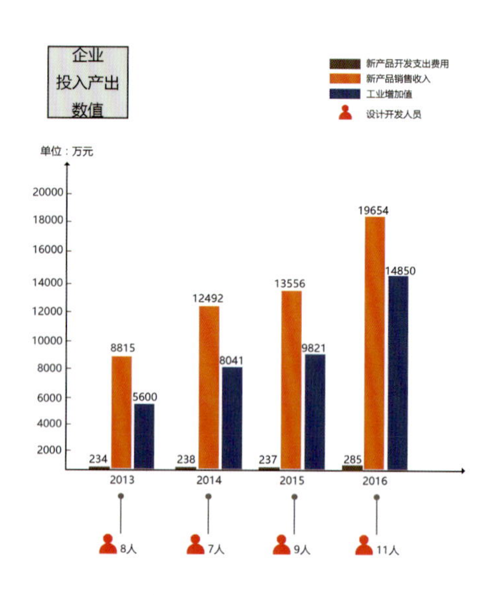

专利：

平均每年 20 项，其中平均每年获得实用新型专利 5 项、外观专利 15 项；

产品研发：

每年 200 余件新产品，其中功能创新产品 5 项；

产值：

从年产值 6000 万元人民币增加至年产值 1.96 亿元人民币；

利润：

净利润率由 2% 增长至 5%，在同行业内处于领先；

人才结构：

近几年，本科生学历的员工数量由 5 名增加至 20 多名，由于人才结构的优化提升，使企业员工整体意识得到提高，为引入 ERP 信息管理、应用精益生产模式提供了有力保障。

本模式对地方高校及其周边劳动密集型产业转型升级的效益分析

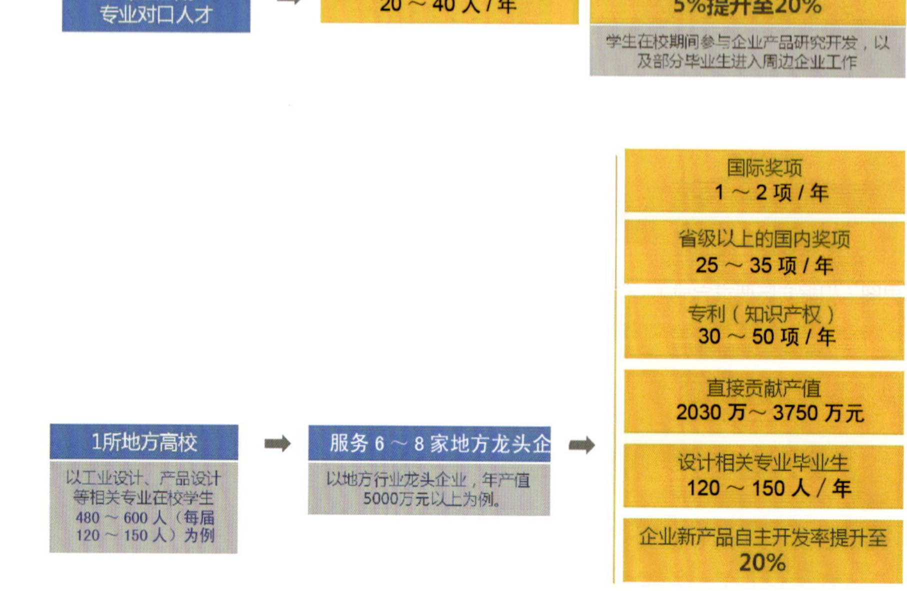

◆ 参照本模式实施案例的高校所服务地方企业的效益为例进行计算。

设计师访谈

胡林　**北京服装学院硕士研究生，迪桑娜皮具有限公司资深设计师，拥有 10 年从业经验。**

提问 1：

作为一名优秀的箱包皮具设计师应该具备哪些能力和素质？

胡林：

扎实的箱包产品知识，有一定的手绘或电脑绘图的能力，对产品结构熟悉，并能够掌握箱包基本的制作工艺。有相当的创意能力，箱包设计相对服装、鞋等其他的设计类别，受到的局限较多，所以必须掌握丰富的知识和技巧，使创意得以实现。

提问 2：

你所从事的实际设计开发工作的流程是怎样的？每个环节应注意什么？

胡林：

创意构思—草稿—效果图（根据实际要求完成）—工艺图—给技术师傅—沟通设计细节—制作初样—根据工艺要求和设计构想修改—制作正式样版。

设计开发的每个环节设计师必须亲自参与，产品的工艺图各个部位需要细致标明设计师的要求，尺寸要清楚，要提供材料给师傅做技术参考。修改时尽量沟通清楚，并参考技术师傅的建议。

提问 3：

如果你认为优秀的作品设计出来后没有厂商或老板认可，应该怎么做？

胡林：

这是肯定和必然的，而且每个设计师最好都去经历一次这样的体验，就是把厂商和老板作为大众来看待，尝试如何满足他们的要求。做优秀的设计师，不一定只会做优秀作品，还要能做被你的厂商、你的老板、大众市场认可的作品。

提问 4：

在与制作师傅交接工作的时候，一般会出现什么棘手的问题呢？

胡林：

你画的图师傅看不懂，你标注的细节不清楚，你的工艺想法无法实现。最棘手的就是学会怎么跟文化知识有限、没有共同设计思维的师傅沟通，因此需要设计师具有一定的耐心开展沟通工作。

提问 5：

设计是为了创新，那么跟随大品牌开展设计，可以理解为一种“惰性创新”吗？

胡林：

站在“巨人的肩膀上”学习能为未来设计打好基础，但是取其精髓、学以致用才是重点。如果自己有很强的设计能力，就不需要跟随大品牌了。

卢珊

毕业于巴黎国际时尚艺术学院（Mod’Art International），主修时尚品牌管理，取得法国里昂第三大学国际贸易硕士学位；在法期间曾任职于法国设计师品牌 Isabel Marant 市场部及奢侈品牌 Louis Vuitton 零售部；回国后任职于法国 Andre 时尚集团广州采购处；现拥有自创品牌广州魔壳贸易有限公司，主营时尚箱包皮具开发与贸易。

提问 1：

作为一名优秀的箱包皮具设计师应该具备哪些能力和素质？

卢珊：

作为一名优秀的箱包皮具设计师需要具备良好的审美眼光及工程师的素质，逻辑缜密，善于把握物体的结构和比例，注重细节并善于处理细节。作为工业产品的设计并不应该只是为了创新，设计应该更多的是为了合理性，为了获得更好的功能和使用体验，即便是创新，也不应该是哗众取宠、华而不实的“新”，创新应该更多地用于解决现有设计的不足之处；设计应该是为了满足人类的各种需求而服务的，所以不管是箱包设计师还是其他工业品的设计师都应该具备“设计以人为本”的基本意识。

提问 2：

要成为一名箱包皮具设计师，如何开始学习？

卢珊：

从研究物体的结构与合理性开始，力学、结构美学、人体工学都应该是基础必修课程，开始具体到箱包设计的学习时，应对把这些基础知识结合成熟的品牌产品进行研究，总结提炼产品的成功精髓，并将其运用到自己的设计中。

提问 3：

你所从事的实际设计开发工作的流程是怎样的？每个环节应注意什么？

卢珊：

我从事的是时尚女包开发，需要跟随国际品牌的流行趋势，选择适合目标消费群体的元素并结合上一季畅销款式的特点进行整合（注意贴合品牌定位），确定当季产品结构（注意合理性），确定当季设计元素（注意可操控性）。

提问 4：

设计箱包要考虑的第一要素是什么？面料、功能、成本、还是款式？

卢珊：

功能是设计箱包需要考虑的第一要素—— 搭配时装用？上班用？休闲用？旅行用？……

箱包本来就属于功能性的产品，它的使用方式和使用人群决定了它所使用的面料、成本、款式以及各种属性。

提问 5：

如何让设计师个人个性化的东西更好地走进大众市场，而非只被小众推崇，设计时需要注意哪些问题？

卢珊：

首先，个性化必须是小众的，如何让一个小众设计被更多人接受，关键是在于如何调整一个产品中个性化元素与大众化需求之间的比例，前提是你必须清楚大众需要什么，你的个性化可以妥协的部分是什么。另外，市场定位是小众设计在市场立足的必要手段，它会帮你找到尽可能多的潜在受众。

提问 6：

现在优良的产品层出不穷，是不是代表以后设计好的产品越来越困难，或者没有可以设计的？

卢珊：

我前面说过设计应该是为了用来满足人类的各种需求而服务的，科技在不停地发展，人类只要有需求就有设计的必要，如果说某一类产品没有可设计的了，那么只能代表这一类产品即将被淘汰了。

图书在版编目（CIP）数据

箱包皮具设计创新实践：案例、流程与方法／黄骁，王桦著．—北京：北京理工大学出版社，2017.7（2021.8重印）
ISBN 978-7-5682-4274-5

Ⅰ．①箱… Ⅱ．①黄… ②王… Ⅲ．①箱包-设计 ②皮革制品-设计 Ⅳ．①TS56

中国版本图书馆 CIP 数据核字（2017）第 138597 号

出版发行／北京理工大学出版社有限责任公司
社　　址／北京市海淀区中关村南大街 5 号
邮　　编／100081
电　　话／（010）68914775（总编室）
　　　　　（010）82562903（教材售后服务热线）
　　　　　（010）68948351（其他图书服务热线）
网　　址／http://www.bitpress.com.cn
经　　销／全国各地新华书店
印　　刷／北京地大彩印有限公司
开　　本／889 毫米×1194 毫米　1/20
印　　张／11
字　　数／427 千字
版　　次／2017 年 7 月第 1 版　2021 年 8 月第 2 次印刷
定　　价／139.00 元

责任编辑／李慧智
文案编辑／李慧智
责任校对／周瑞红
责任印制／李志强